贰阅 | 阅 爱 · 阅 美 好

让阅读走心

让阅历丰盛

冲突背后的冲突

解读我们内心的俄狄浦斯三角

张天布 ◎ 著

廣東旅游出版社
GUANGDONG TRAVEL & TOURISM PRESS
悦读书·悦旅行·悦享人生

中国·广州

图书在版编目（CIP）数据

冲突背后的冲突：解读我们内心的俄狄浦斯三角 /
张天布著 . — 广州：广东旅游出版社，2019.12（2023.1重印）
ISBN 978-7-5570-1313-4

Ⅰ . ①冲… Ⅱ . ①张… Ⅲ . ①精神分析学派 Ⅳ .
① B84-065

中国版本图书馆 CIP 数据核字（2019）第 200183 号

冲突背后的冲突：解读我们内心的俄狄浦斯三角
Chongtu Beihou de Chongtu: Jiedu Women Neixin de Edipusi Sanjia

广东旅游出版社出版发行
（广州市荔湾区沙面北街71号　邮编：510130）
印刷：北京晨旭印刷厂
（地址：北京市密云区西田各庄镇西田各庄村）
联系电话：020-87347732　邮编：510130
787毫米×1092毫米　　16开　　17.75印张　　228千字
2019年12月第1版　　2023年1月第3次印刷
定价：68.00元

推荐语

用生动的语言和身边熟悉的事例，将弗洛伊德创立的精神分析体系中最为重要和复杂的术语——俄狄浦斯情结，说得相当清晰透彻，直指人性本质，不论是专业人员还是普通大众都能从中获益！

李晓驷

德中心理治疗研究院中方副主席

本书把俄狄浦斯三角与中国神话、经典文学作品、日常生活中的相关现象进行联系，用通俗的语言进行解析，对精神分析专业概念的大众普及化有重大贡献。

吴艳茹

中国心理卫生协会精神分析专委会委员，注册督导师

目 / 录

前言 愿登俄狄浦斯之巅，让中国人的冲突不再无解／1

序一 精神分析的东方智慧／5

序二 改善心理模式，必先看清三角关系／7

序三 用简单模型，去理解人世复杂关系／11

序四 每个人的一生都在演绎三角关系／15

01
俄狄浦斯是人人绕不开的心理话题

"俄狄浦斯情结"是一个象征性的隐喻，涵盖了我们内心情感关系里众多复杂的关系冲突，爱和恨、好和坏、欲望与诱惑、安全与迫害、攻击性与遭报复、胜利和内疚、亲密与分离等等配对的矛盾关系。这些内心经验的矛盾配对关系，都可能被投射在一个孩子与父亲和母亲的三角关系中。我们可以借助三角关系中的象征内容来探讨个人内心复杂的情感经验。

"赎身仪式"引发的强迫症：俄狄浦斯情结是源头／004

俄狄浦斯概念的三大内涵／010

丧父之痛的启示：弗洛伊德提出俄狄浦斯情结／011

希腊神话《俄狄浦斯王》的故事／013

潜意识中的关系冲突：俄狄浦斯情结／015

俄狄浦斯三角关系／017

中国版的俄狄浦斯故事——薛仁贵与薛丁山／018

02

人生困境的症结：俄狄浦斯三角冲突

正常的心理发展是走出俄狄浦斯三角冲突，如果陷于其中不能突围，心理能量就会在内心纠结冲突里被消耗掉，一个人就不能建设性地发挥作用，而成为莫名其妙的失败者。

内心三角关系冲突外化为与父母的矛盾／026

神经症性的内心冲突：未走出的俄狄浦斯情结／027

竞争，是俄狄浦斯三角冲突的核心主题／028

    竞争获胜后的内疚感／029

    高处不胜寒的女孩：赢不起的考试焦虑／029

    竞争失败后的被动攻击：输不起的考试焦虑／031

竞争中的"退行"与"固着"／034

强迫症与俄狄浦斯三角冲突密不可分／034

提升处理三角冲突的能力，才能真正走出困境／037

03

想看清自己的心理模式，先看清俄狄浦斯三角关系

潜藏的俄狄浦斯冲突心理模式会不知不觉地在一个人的内心潜意识里运作，并会莫名其妙地支配着个人的行为及处事方式，而且会重复出现。一个人在工作中对待上级的态度，往往与他在潜意识里对待父亲的模式相似，所以即便是换了单位，与领导相处的模式总是一样的。

完整的俄狄浦斯三角关系：俄狄浦斯情结／042

 "一路顺风"引起的俄狄浦斯三角冲突／042

 母子关系：吞噬恐惧和深情节制／046

 父女关系：伤害恐惧和深情节制／048

 "弑父""嫉母"以及和解／049

不完整的俄狄浦斯三角关系：俄狄浦斯情景／051

 "背黑锅"的外婆／052

 担心办公室水中有毒的博士／052

04

父亲的心理功能是孩子成长的基石

人生中需要清晰、明朗、积极、健康的父亲形象作为成长中的榜样，心理上健康的父亲形象会给人内心植入勇气和力量。现实的人生中我们并不能拥有一个理想的、完美的父亲作为客体资源，但个人作为一个有主动性的自体，是可以寻找、整合、运用诸多的象征性客体资源的。

父亲的 N 多功能／060

 父亲是一座山：靠山／060

 父亲是个大灰狼：一个"吃娃的怪兽"／060

父亲是大英雄：一位贵人 / 062

父亲是个好榜样：文化的缔造者、传承者 / 063

父亲是个严老师：一个批评者、一个酷教练 / 064

父亲是个好玩伴：一个下棋、掰腕的竞争对手 / 064

父亲是一架人梯：允许超越，帮助登顶 / 065

父亲是一位"虎爸爸"：脱离、分离、独立的放飞者 / 066

父亲的缺位 / 066

父爱的成熟与自私 / 067

文化心理上的父亲形象 / 068

05

男孩成长的必经之路：从竞争到认同的父子关系

在三角关系中父子竞争的解决之道，不同的人会选择不同的策略，而这些选择一旦成为潜意识的一种模式，就犹如一种情结。有革命者的"造反情结"，失败者的"丹朱情结"，服从者复制人生的"舜帝情结"，为尊者讳的"名讳情结"，自我了断的"太监情结"；还有出家避世的"宝玉情结"，独自开宗立派的"山头情结"；还有能够继承发展的"改革情结"，寻求归顺接纳的"招安情结"。

父子关系的发展：从初级过程到次级过程 / 073

儒家创建伦理纲常来调节父子间的俄狄浦斯冲突 / 077

父子关系中的权力之争 / 078

父子关系冲突的解决之道 / 080

第一型：聚义革命（造反情结）/ 082

第二型：反叛被诛（丹朱情结）/ 083

第三型：复制人生（舜帝情结）/ 084

第四型：为尊者讳（名讳情结）/ 084

第五型：自我了断（太监情结）/ 085

第六型：出家避世（宝玉情结）/ 086

第七型：开宗立派（山头情结）/ 087

第八型：继承发展（改革情结）/ 088

第九型：投降归顺（招安情结）/ 088

06

"谦虚谨慎"还是"骄傲自豪"，取决于阉割焦虑

阉割是一个象征性的比喻，既是生理器官遭受创伤的描述，也有心理优势遇到打压的含义，还有精神气概被摧垮的象征意义。一个人在自己内心如何涵容处理这种阉割焦虑，与如何在行为处事方式上驾驭竞争的分寸是表里一致的关系。

"害羞"的膀胱：一个有关阉割焦虑的故事 / 092

阉割焦虑的三重含义 / 096

    阉割是一种动物手术 / 096

    阉割也包含了身体完整性被破坏，情感被伤害 / 097

    阉割焦虑的象征性表达：夺志气，灭威风 / 098

严重阉割焦虑造成的困惑 / 099

司马迁铁笔如椽："去势"和宫刑 / 103

金庸笔下的阉割："欲练神功，必先自宫" / 105

现实中的阉割："夹着尾巴做人" / 107

你"打孩子"了吗？——借助阉割焦虑的处理原则拿捏分寸 / 108

07

超我：成就一生的自我管束能力来自俄狄浦斯情结

超我对于心理结构来说必不可少，是一个重要的成分。比较恰当的超我是温和而有力的，发挥着阻止、限制、禁忌的功能，同时也体现出保护的作用。但是有时候超我可能是发展过度了，变得过分严苛；有时候超我又可能变成弱化、毫无节制的力量。

阉割焦虑作为超我的雏形 / 114

被内化的父母禁忌 / 114

社会准则 / 115

自我理想化 / 116

突围俄狄浦斯情结，与乱伦的幻想和解 / 117

　　占有和被占有 / 118

　　诱惑和被诱惑的幻想 / 120

　　消失幻想 / 122

　　乱伦冲突化解之道 / 123

08

帮孩子度过俄狄浦斯情结的方式之一：对自恋给予恰当共情

自恋是一个与自我感受相关的心理主题，它涉及一个人的自尊、自信、自我一致性，是每个人心理上必修的主题，是必然要发展、完成的主题。每个人都需要发展出自己健康的自恋，一旦这个自恋在心理成长的过程中受挫，将会导致人格上病理性自恋发生。

孩子的内心冲突需要被共情 / 128

不含诱惑的深情，没有敌意的拒绝 / 128

一次修通俄狄浦斯情结的亲身经历 / 133

过度共生会使孩子无法度过俄狄浦斯期 / 137

从依赖、抗争到和解，哪吒在冲突中成长 / 142

09
心理性别身份认同到位，是性别气质的基础

除了处理好三角关系之外，俄狄浦斯期还有一个非常重要的心理发展任务，就是"心理性别身份认同"。雄壮阳刚的男子汉气概，与温婉柔美的女人味，都得之于一个人内在心理的性别身份发展的充分、饱满。

心理上的性别确认 / 151

阳性俄狄浦斯情结：男孩的心理性别认同 / 154

选家长的游戏：男孩需要父亲的权威感 / 156

男孩对父亲从生理到心理的认同之路 / 157

阴性俄狄浦斯情结：女孩的心理性别认同 / 159

性别身份认同到位的孩子长大后更有性别魅力 / 161

10
性心理的重要主题：内驱力

弗洛伊德在探讨人的内心世界时，建构了一个基本的理论——内驱力理论，内驱力指的是人的一种心理上的能量，就如中国人常说的"心劲儿"，人活一口气，就凭着一股心劲儿。心劲儿没了，活得也就没什么意思了。

内驱力概念 1：本能（instinct）/ 167

内驱力概念 2：内驱力（drive）/ 167

内驱力的延迟满足 / 171

内驱力去性化 / 171

性驱力和攻击驱力 / 171

性驱力（爱的驱力）/ 172

攻击驱力（死亡驱力）/ 172

以内驱力为主线的心理发展理论——性心理发展理论 / 173

内驱力在象征层面的表现——阳具 / 174

内驱力的转化 / 176

内驱力要寻找客体投注 / 177

内驱力的转化需要借助重要客体的回应 / 179

给男孩父母的建议 / 179

给女孩父母的建议 / 181

内驱力去性化水平的不同，可以导致个人性感表现的类型不同 / 182

第一种类型：清新优雅型 / 182

第二种类型：多情矜持型 / 183

第三种类型：成熟自在型 / 183

第四种类型：激情冲动型 / 183

第五种类型：闷骚型 / 184

第六种类型：枯木型 / 184

第七种类型：阴险型 / 185

11

女性俄狄浦斯情结

俄狄浦斯期发生在心理发展的三到六岁时期。这个阶段的心理特征与以前的不同在于孩子性意识的萌动和性别角色的区分，在心理感受上孩子能够意识到父亲和母亲是两个不同性别角色的人。与此同时孩子也要确认自己心理上的性别角色，而在这个过程中，虽然都经历了三角关系的冲突，但是女性的俄狄浦斯情结阶段的发展相较于男性要稍显曲折、复杂一些。

内驱力概念体系中性的含义 / 191

女性俄狄浦斯期四阶段 / 191

　　初始阶段 / 192

　　孤独阶段 / 193

　　性欲化阶段 / 195

　　去性化阶段 / 198

12

《水浒传》：一场典型的俄狄浦斯三角冲突

文学和艺术表达的故事内容就是某种社会的集体潜意识，也是人们内心状态的一种写照，把它作为一个故事写出来，反映了在当时的历史文化背景下，人们对于如何处理内心俄狄浦斯三角关系的态度。

故事，是个人内心三角关系的外化 / 203

造反者、统治者和权力宝座的三角关系 / 204

一场典型的俄狄浦斯三角冲突 / 206

宋江是纠缠在俄狄浦斯情结中的人 / 207

用俄狄浦斯三角评估水浒人物性格 / 211

　　"总管"：李逵性格中的偏执分裂 / 211

　　"不懂"：武松性格中纯洁美好的理想化自恋 / 214

　　"不敢"：林冲的性格是精神遭到阉割后的怯懦 / 216

　　"不怕"：鲁智深性格独立、善恶分明、分寸得当 / 217

"不近女色"：水浒英雄无法面对内心的性意识 / 218

"红颜祸水"：《水浒传》无法处理的与女性相关的内心冲突 / 220

"样板戏"里也在回避"性别关系"的话题 / 221

13

看透社会文化中的俄狄浦斯现象，让生活从容

文化是先人经过的历史，对文化传统的态度也体现了我们对祖先的态度及内心深处跟祖先的关系。文化也是今人正在生活的状态，我们就在文化的鲜活流动中存在，既是先人文化的继承者，也是当下文化的创造者。有些长期令人困惑的社会文化现象，如果用精神分析的视角去解读会有豁然开朗的感觉。

文化的心理意义 / 228

新文化运动现象的心理意义——文化犹如令人失望的父亲 / 229

文化身份的危机与心理认同的重构 / 231

跨文化环境的心理冲突 / 233

故乡的风貌可以成为内心的稳定客体，满足乡愁 / 236

附录　精彩问答实录 / 238

愿登俄狄浦斯之巅，让中国人的冲突不再无解

我在学习和实践精神分析的过程中，早期的好奇心很重，看见什么都新鲜，也总会发现很多有趣的现象。比如去参加德国精神分析年会，看到会场外的书展台上竟然摆放着上百部的各种精神分析著作，我非常感慨。于是在做精神分析体验的时候，就问分析师："为什么德国会有那么多的精神分析著作？而且越是大部头的书，往往是由个人独立完成的？"分析师反问："你有什么触动吗？"我沉思无语……

有一年，我有幸去巴西参加国际精神分析协会第44届年会，登上了著名的科瓦尔多山，参观矗立在山顶上的耶稣基督雕像，并俯瞰美丽的海滩和里约城全景。在同行者们兴

奋地交流之间，Alf Gerlach 告诉我说他登上过陕西华山，那又是另一幅美丽壮观的景象。我随口说道："我还没有登过华山。""喔，华山是你家乡的名岳，你登临了无数的远山，为什么就没有登上过你家乡的山峰呢？"我沉思无语……

俄狄浦斯情结由弗洛伊德从希腊神话中"扒出"，赋予了潜意识心理学的意义，由此成为精神分析的核心概念之一。每一种文化，或者语言背景下的人，要学习和研究精神分析，就必须面临自己文化和语言中的俄狄浦斯情结，它犹如一座雄伟的山峰，矗立在精神分析学术之路上，既是弗洛伊德树立的概念之山，也是需要后学者去体验、超越的潜意识心理之山。

作为俄狄浦斯情结的重要组成部分，俄狄浦斯三角着重从人际关系结构的角度对这个概念进行探讨。如果把精神分析理论以关系的发展为轴线展开，我们可以看出这是一个从"三角关系"阶段，逐渐演进到"无我关系"阶段的过程。

弗洛伊德在最初建立精神分析理论时，主要是从内在的心理结构模型来理解内心的冲突。"俄狄浦斯情结"是其中的重要主题，探讨的是关于"孩子—父亲—母亲"之间的关系冲突，这个时期可视为精神分析理论的三角关系阶段，也称之为经典精神分析阶段。

随着儿童精神分析研究的发展，精神分析学家看到了在前俄狄浦斯期中，母亲角色的重要性，由此提出了以"孩子—妈妈"关系质量为核心的客体关系理论。此阶段可以看作是精神分析理论的二元关系阶段，也称为客体关系理论阶段。

当代精神分析学家发现，一个人的自尊感、自我充实感、自我一致感、价值感等对自己心态的影响是巨大的，重点关注到自恋的主题（包括健康的与病理性的自恋），从"自体—自体客体"的关系角度来解释自体感。此阶段被看成是精神分析的一元关系阶段，也叫自体心理学阶段。

受佛学思想的启发，精神分析学家发现提高放下对自我概念执着的能力，是一个人获得内心宁静，解除内心冲突的重要途径，由此出现了一个互为主体的关系（intersubjectivity）的理论阶段，也可以看作是"无我"的关系阶段。

纵观这四个阶段的理论发展，会看到俄狄浦斯情结是奠基的概念，也是贯穿始终的重要主题，而且每个阶段理论在建构的时候都必须通过一道考试题，就是如何解释俄狄浦斯情结。

我好像在朦胧之中把探索中国文化背景下的俄狄浦斯三角当成了自己内心的第一座山，乐此不疲地去探索、攀登。十几年来，我从心理、文化、生活的不同角度，就此主题陆陆续续地写过一些文章，或是发表过一些演讲。其间不断收到吴艳茹博士、编辑闫兰女士等同道和朋友们的反馈和鼓励，他们建议我把这些文章整理出版，让我感受到本书出版的学术价值和启发意义。在克服了自己内心的俄狄浦斯冲突的影响之后，这出版的临门一脚总算踢了出来。此次踢出来的契机还要感谢"糖心理"培训机构，是他们极力邀请我开展以"中国人的俄狄浦斯三角"为主题的系列微课讲座，在大半年里，每周一讲，促使我对这个主题做了深入地梳理和讲解。本书的内容，正是以在"糖心理"讲课的初稿为雏形，由我的助手、注册心理师周红霞老师进行记录整理，经出版社对内容结构进行重新规划，再由另一位助手、心理咨询师刘嵘老师进行文字润色而成。

另外，在这十几年间的研究探讨、资料收集、演讲准备、文字整理和翻译过程中，先后作为我助手的王筱桂、焦文燕、张皓、张培林、胡肇龙、武春艳、王卉等做了大量的工作，他们的默默支持，使我保持着信心和动力。

我的老师 Dr Alf Gerlach、杨华渝教授、Dr Teresa Yuan、Dr Tomas Plaenkers、Prof Dr Matthias Elzer、Dr Wolfgang Merkle 等，以及我的分析师 Dr Hermann Schultz，他们既是我学习精神分析路上的教导者和引领人，也是我修通俄狄浦斯情结的参与者和见证者。

从开始学习精神分析到现在 20 多年里，中德班一期的同学们一直是我心理力量的来源之一，在与他们的工作扶帮、理论探讨、生活娱乐、专业竞争中，我更深地领会到了俄狄浦斯情结的意义。

还有这些年来，在与我所在科室的同事、学生们，以及各地培训督导合作伙伴、学员们的教学互动中，我的思想丰富了，我的眼界扩展了，我还获得了不少研究素材。

可以说，经过十几年不懈地攀爬，如今的我已经窥见山巅美景。在整个过程中，一直有这么多的人与我结伴而行。他们有的为我导航引路，有的帮我牵马拽蹬，有的替我背粮送水，还有的给我呐喊助威，让我得以安心地在前行之路上，扛好这面意义非凡的探索者之旗。借本书将要出版发行之机，我由衷地对以上各位的帮助和贡献表示感谢！

在写作过程中，我深感自己才疏学浅、力所不逮。眼下书稿虽已完成，仍有需要丰富和完善的地方，敬请大家提出宝贵的意见和建议，不胜感谢！

序

一

精神分析的东方智慧

这是一本我们等了很久的书。20 世纪 90 年代，精神分析的培训和精神分析心理治疗在中国兴起时，德国精神分析学家在德中心理治疗研究院的框架下首次将其引入中国。他们负责设计了培训课程大纲，决定将原汁原味的精神分析理论介绍到中国，其中包括了对人类心智、心理发展、梦、冲突、创伤、防御机制和症状形成的种种理论，以及精神分析心理治疗的技术。当然，这些都与西方关于人类心灵的概念，以及西格蒙德·弗洛伊德毕生建立发展的基本理论有关。西方精神分析学家在讲授过程中会感觉到在中国接手工作有些困难，他们要理解中国人的思维和感情，却并不熟悉其背后基于文化纽带的中国神话传说、童话故事，以及小说经典。他们只能相信，在接受了精神分析之后，中国的心理治疗师和精神分析学家会开始思考西方的概念，并将精神分析理论与中国儒家、道家和佛家的伟大传统智慧联系起来。这种联系并不意味着对精神分析学说的直接适应，而是能够扩展精神分析的方法学，进行富有成效的对话。

张天布的著作满足了上述期望。该作者曾就精神分析与佛家、道家的关系进行过学术演讲和发表论著。在本书中，我们可以看到作者在中国文化背景下对俄狄浦斯概念、俄狄浦斯三角的思考是如何发展、成熟的。他首先介绍了弗洛伊德提出的经典精神分析理论，对弗洛伊德来说，俄狄浦斯冲突是人类心理发展的核心冲突的典型形式。作者也把读者引向了俄狄浦斯故事的中国版本，并让读者接触到中国历史和神话当中的不同人物。由此，存在于中国人内心的文化和心理上的父亲形象，以及父子间冲突的解决之道的多种可能性变得清晰可见。张天布的书中还提到了中国语境下如何处理阉割情结、超我发展、性别认同、俄狄浦斯情结中的自恋，以及女性的俄狄浦斯冲突等。特别令人高兴的是，他还思考和讨论了文化经验和文化认同的危机，这是在现代化进程中和当前发展环境下，每个中国人所面临的非常重要的话题。

我希望这本书不仅能在中国拥有广大的读者，也能在西方心理治疗师和精神分析师中广为阅读，并从中学习到许多中国人的智慧。

Dr Alf Gerlach

德中心理治疗研究院名誉主席

上海精神卫生中心精神分析心理治疗连续培训项目负责人

改善心理模式，必先看清三角关系

兼顾专业深度和大众普及，是一个比较困难的工作。写出很清晰准确的专业文章，已经是很不容易的事情了，而把这些有深度的思想，用简明生动的通俗话语写出来，那就好比用小学四则运算，来解代数的题目一样困难——想一想鸡兔同笼的问题，如果把鸡的数量设为 x，兔的数量设为 y，列出代数的等式，很简单就可以解出来，但是如果不用这种方法，就变成了一个很费力的题目。因此，能用通俗语言讲专业问题，恰恰说明这个作者对专业知识的了解格外深入。在我看来某些语言艰深，看起来深刻而专业的书，也许只不过是在出售皇帝的新衣。而有些——当然只是有些——非常普及受欢迎的书，也许只不过是所说的话触动了很多人的痛点，让人觉得替自己发泄了情绪而已，并不见得对心理成长有什么建设性作用。

弗洛伊德是一百多年前横空出世的天才人物，曾经被誉为影响 20 世纪的 3 个犹太人之一。另外两个是爱因斯坦和马克思，估计我不需要对这两位进行介绍了，所以按道理说我也不用介绍弗洛伊德，"弗洛伊德你总知道吧？"这是很早之前黑白电影《爱德华大夫》中的台词，所以我假设本书的读者一定知道弗洛伊德。那么，经过了一百多年以后，弗洛伊德是不是过时了？不再为人们所熟知？就像现在的年轻人不知道几十年前的王心刚或者上官云珠？并不是的。弗洛伊德以及他所创立的精神分析心理学，至今依旧没有过时。虽然一些理论的具体内容被更新，但是弗洛伊德的精神分析心理学，依旧是最有影响力的心理学流派，它在心理咨询和治疗领域中的地位，犹如少林在武林中的地位。

俄狄浦斯情结，是弗洛伊德最关注的一种心理现象。了解俄狄浦斯，是了解精神分析心理学，以及了解人性的一个非常核心的途径。经过一百多年的心理学发展，对俄狄浦斯情结的本质，人们的认识已经有了一些更新，甚至可以说是众说纷纭，但其重要性却依旧是无可置疑的。

早期对俄狄浦斯情结的关注点，往往更多在性上。男孩子弑父娶母的欲望，听起来颇为骇人听闻，但如果深入潜意识来看，也未必那么惊人。古代帝王家因为受现实约束少，常常会发生王子们试图弑父的事，以及把先父的妃子收纳过来的举动。李世民的儿子甚至把他的才人武媚娘娶来并立为皇后。

但是，仅仅从性的方面去理解俄狄浦斯情结，还是不够深入的。俄狄浦斯情结的核心，与其说是以性为中心，不如说是一个关系问题。父亲、母亲和孩子之间，构成了一个三角关系，一个人如何理解和处理这种三角关系，对自己的人格发展至关重要。在三岁多到六岁左右，叫做俄狄浦斯期，这个年龄阶段是人学习如何理解和处理关系的阶段，这个阶段发展得不好，就会产生性格中的一个隐患，并影响其成年后的心态，造成很多问题。

并不是有三个人就会有三角关系的——儿童在一两岁的时候，家里同样有爸爸、妈妈，还可能有爷爷、奶奶，但在他的心中并没有三角关系。因为那时候，他会觉得所有人都围绕着自己，是以自己为中心的，妈妈和自己有关系，爸爸和自己有关系，爷爷和自己有关系，奶奶和自己有关系，但他不知道别人之间有和自己无关的关系。因此，他心中没有三角关系。

到了三岁左右，他突然意识到，父母之间有些事情，是和作为孩子的自己无关的。这让他意识到自己并非是家里的"绝对中心"。性之所以重要，在我个人的理解，也许就是因为父母的性关系，是第一种让孩子意识到父母之间有事瞒着自己的关系。孩子受到的最大冲击在于"你们有事瞒着我"，也意味着"我不是中心"以及"我不能掌控一切"，这对孩子的内心会造成巨大的冲击，就像是一个皇帝意识到大臣之间私下结党一样可怕。如何应对这种失控？如何学习在一个自己不是世界中心的世界中生活？就此成为他们一个重要的心理发展任务。而这个任务发展得好不好，也将成为一个重要的人生课题。儒家讲"仁"，"仁"是一个如何解决两人关系的人生课题，孔子生活在单亲家庭，所以对他来说，最重要的也许就是二人关系，但是对于大多数人来说，最重要的关系其实是三人关系。

铺述了这么多，到最后才进入正题。大家现在读到的这本书，就是关于俄狄浦斯关系的书。本书的作者，是运用精神分析方面的优秀心理学家和心理治疗师。在理论上，作者是著名的中德心理治疗连续培训项目的成员，对精神分析有 20 多年的研究，有深入而透彻的理解。在实践上，作者这些年一直在临床实践，是一个从实战中锻炼出来的"老兵"，他对精神分析的理解，远不是那些仅仅有理论知识的人所能及的。更难得的是，作者可以把深邃的精神分析理论，用通俗的语言讲清楚，还能用许多真实的治疗案例展示出来，且语言生动幽默，读起来引人入胜，实在是难能可贵。

一个人要想改善当下的心理模式，最重要的是看清儿时的俄狄浦斯三角关系对自己的影响。在我们没时间、没精力、没钱去接受精神分析师的心理治疗时，如果能读到这样一本书，对我们来说，不啻于年轻习武者得到一本武林秘籍。

我常常感叹，买书也许是性价比最高的事情。区区几十块钱，就可以吸收到一位一流专家几十年学习、工作中提炼出来的思想精华，世界上哪里还有这样合算的事情。当然书和书不同，也有一些书只不过是滥竽充数，但这本书，我会建议我所有的学生们去买一本：值得去读。

朱建军

中国本土原创心理治疗技术"意象对话""回归疗法"创始人

北京林业大学人文社科学院心理系首任系主任、教授

中国社会心理协会环境心理专委会副主任委员

中国社工联合会心理健康工作委员会意象对话学部主任

序

三

用简单模型，去理解人世复杂关系

父母和孩子构成的关系，是人类精神世界的三体问题，复杂到几乎无解。这个关系，是每个个体在生物学遗传特质的基础之上，形成其独特人格的最重要外界因素。

爱因斯坦说："这个世界最不可理解之处，就是它是可以理解的。"人类精神三体问题，也具有这个悖论式的特征；而且，由于去理解这个精神现象的"装置"恰恰又是人的精神本身，整件事情就变得更加扑朔迷离了。

好在人类的智力已经进化到解决这个问题的程度：建立简单的模型，去理解复杂的对象。现代物理学甚至认为，如果没有模型，复杂的对象就根本不存在。透过模型，我们可以看见天机。

约 2400 年前，古希腊剧作家索福克勒斯写出了"十全十美"的悲剧《俄狄浦斯王》。该剧作气势宏大、悲情满溢，千载之后读来，仍有被命运卡住咽喉的窒息感。但索福克勒斯只是"父母—孩子"三体问题的描述者，而不是模型制造者，从俄狄浦斯的故事里构建出模型的，是一百多年前的弗洛伊德。

在弗洛伊德创立的精神分析体系中，俄狄浦斯情结也许是最重要的术语。有人可能说移情（Transference）是最重要的，这也没错，但从起源顺序来说，显然俄狄浦斯情结在前而移情在后，因为移情的内容是三体关系。无数人类精神世界的探索者在这个领域投注了智慧并取得了成就，相关研究文字的数量已经是《俄狄浦斯王》剧本字数的成千上万倍，而且理解之路还在延伸。

在具体讨论作为模型的俄狄浦斯情结之前，我们需要铺垫一点东西，就是什么是精神分析的态度。态度即预设立场，精神分析的态度是指，在我们理解所有的精神现象时，都必须深入到潜意识层面。这个态度，对于读懂张天布的这本书，也尤为重要。

举个例子，这个例子也经常被我用来考察一个人是否有做精神分析工作的天赋，包括分析别人和被别人分析。一位 70 岁左右的老太太，有反复检查房门是否锁好的强迫行为，每次出门不远就要回去检查，重复检查十几次都还是不放心，后来干脆尽量不出门了。如果你对其行为的解释是她太害怕有人进去偷她的东西，那就不是精神分析的态度，因为这是她自己也能意识到并且能够表达的。精神分析的态度是，老太太的强迫行为，是她在潜意识层面对亲密关系的矛盾心理投射到行为上的结果：她既希望有不速之客来访，又赋予这种来访以入侵的含义，所以她的行为是既欢迎（幻想有人来），又拒绝（门要锁好）。

既然是模型，就必须简洁。俄狄浦斯情结这个模型，大约包含以下两个基本结论，从最低限度说，它们都被我个人经历和从业经验检验过。

首先，三角关系是一个完美的"设计"，它为一个人类的新个体配备了足以成长得健康的外在关系环境。从受精卵到胎儿到出生之后一个月的新生儿，他们是某种意义上真正的"独立个体"，因为身处原始自恋，还没有实际意义上的关系。之后开始有跟母亲的二元关系，然后意识到父亲的存在，进入到三角关系。从一到三，看起来是两个数量级，但在精神规模的扩大上，却可能远远不止如此，老子对此的评论说：三生万物。

三角模型在此的意义是均衡，意思是在家庭关系中，父母的力量要基本一样强大，否则均势破坏，孩子作为第三方的存在也会被削弱，各种病理性的情形就会滋生。在此我们已经看到了这个模型的衍生立场：反对男尊女卑或女尊男卑、反对男主外女主内（影响家庭小环境的均衡），以及反对任何关系中（爱情中也许除外）的排他性（比如狭隘民族主义者对非我族类的排斥），等等。从母婴二元关系到意识到父亲存在的三元关系的转化，可以化为浪漫的诗句，叫作：原来在你和我的温暖忘我之外，还有和他的开阔壮美。均衡意味着，我们冲突着却都还好好活着，没有父死、母死、儿亡。

其次，关于自我限定。俄狄浦斯冲突的本质是：停留还是超越。这有两个关卡。一是从二到三被阻碍，最近中国心理学界讨论很多的父亲缺席的问题，就跟这有关。二是囿于小的三角关系，无法"三生万物"，沉溺"三原色"而拒绝花花世界的万紫千红——这是俄狄浦斯情结最原初的含义。这一切都是因为：潜意识幻想层面的远走高飞，都意味着弑父娶母，都要被严惩。

隔着千山万水和时代，古希腊人和中国人也许有共同的领悟。中国造字时期，造出的"人"这个字，有巧夺天工之妙，也隐含俄狄浦斯期的成长路径。写这个字，是从点开始的，意味着一个新生命的原始自恋。由点变成向左下的线条，意味着孩子跟母亲的分离，到二元关系。再写的那一捺，则是从线条中另辟蹊径，向右下方延展，三个端点就此形成。无比简洁也无比丰富，这才是真正的模型。天布是中国书法艺术的爱好者，相信以他精神分析的底子，在写"人"这个字的时候一定有所悟。

人类同源，很久很久以前，也许在各奔东西之后，中国人的祖先在找模型，而索福克勒斯在描述。到现在，模型跟描述终于汇聚一起，遥远时空的相遇可以让精神上的高峰体验次第迭起。

张天布在试图延续这种高峰体验，或者想把它们推向更高的峰值。我1997年在中德精神分析培训项目上认识天布，从此之后成为挚友。20多年来，眼看他在专业领域开疆拓土、深耕精进，钦佩之情与日俱增。我是觉得他超越了自己的俄狄浦斯情结的，有这本书为证；但我又觉得他并没有超越，还是这本书为证。个中缘由，你读了就知道。

最后抛一个问题给大家。如果文化有人格，中国文化现在在哪个期，口欲期、肛欲期还是本书说的俄狄浦斯期？

记住，你的回答，也许呈现了你的全部内心世界，以及你的过去、现在和未来。

曾奇峰

中德心理医院创始人、首任院长

中国心理卫生协会精神分析专业委员会副主任委员

序／
四／

每个人的一生都在演绎三角关系

——告诉你一个同胞竞争的俄狄浦斯三角故事

初识天布是在 20 多年前的中德班上。此后所有的一切，都离不开中德班的背景。

那时候我感觉他有点愣头愣脑，似乎总在内心思索着如何提升某种独门武功的诀窍，很用力，沉浸在其中，享受着无穷的乐趣，好像也有想突破些什么，但一下子无法完全突破的苦恼。后来才知道，那时候是他职业选择和发展的重要阶段，或许也是他彻底突破俄狄浦斯期冲突的转折点。但那时候我不知道或者说还不理解这些，只是见了他就有说不出的想招惹攻击他一下的冲动，却又不敢轻易下手。

后来总算找到一次机会。在一次北京邮电疗养院培训期间，我们一帮人课后去饭店聚餐，几个人喝了几瓶在隔壁超市买的北京二锅头后，自我感觉膨胀，头脑发热，兴奋异常。正好那时天布从外面进来，中途加入我们。但是，坐下来后，他居然拒绝我们的劝酒和劝烟！我气不打一处来，对着他一顿狂骂！骂了什么都断片了，完全失忆！别人事后告诉我说骂得很狠、很难听，还有粗口！他大人不计小人过，深深地怜悯着我还没有进入俄狄浦斯期呢，期待我再成长一点后再互相切磋。喝了酒才敢骂人，确实不在一个等级上。现在想来，那时候我那么想招惹攻击他，可能是嫉妒他有执着追求认定的目标并排除各种阻力的勇气和能力吧。这正是我从他身上看到的并很想学的品质。

把我和天布之间这些有趣的关系经历用精神分析的俄狄浦斯情结来解读一下，不就是活脱脱的一段兄弟之间同胞竞争的人生场景吗？这就是俄狄浦斯三角关系里，关于竞争的一个亚型。成熟的竞争关系，体现出的是勇于竞争、敢于胜利，而不是杀死对手、恐惧报复。精神分析美妙的理论，其实就是来自于对自我生活经验的构建和解读，借助理论的桥梁把对人生的理解，从表面的现实生活与内心潜意识的深处做一联结。

人的内心有坚定的目标和追求，那就会成长得非常快。自那以后我真切地感到天布的精神分析专业理论和临床技能突飞猛进，远远地走在我前面！再回头看，一路上留下了丰硕的成果：中国文化中的俄狄浦斯三角；佛教和精神分析的对话；创建中国文化和心理治疗学组并举办各种论坛；深刻全面阐述父亲角色在孩子心理成长中的作用……现在，只要一说到这些话题，我脑中就会冒出天布这位西北汉子的形象，栩栩如生。

这几年来，我经常和天布一起搭档在全国各地做培训，我发现天布无论是在讲课中，还是案例督导，或者写书，最大的特点就是接地气！生活中各种深深带着文化烙印的生动例子信手拈来，把一个个精神分析中晦涩的概念讲得清晰透彻。那是把各种理论和人生经验都吃透了以后才能做得到的。

天布这本书，凝聚着他几十年的专业思考和人生经验，特别适合希望深刻理解这一专业领域的相关知识和人生思考的读者阅读。阅读过程中，还可以感受天布在字里行间中的宽和、深度、力量和格局。

张海音

中国心理卫生协会精神分析专业委员会主任委员

中国心理学会临床心理注册督导师

上海精神卫生中心临床心理科主任

01

**俄狄浦斯是人人绕不开的
心理话题**

俄狄浦斯的概念听起来很专业，但其实并不深奥难懂，简单地说，它就是我们用来阐释内心世界运作特点的一种象征性术语。通过俄狄浦斯情结象征性地解读了我们内心复杂的情感关系，这种复杂的情感模式通过和父母的关系表现得以外显。

俄狄浦斯主题与每个人的心理成长关系都非常紧密，并且是至关重要的，一个孩子如果在心理上不能顺利度过这个发展阶段，就可能形成性格上的神经症特质。成年后会在心理上出现各种问题，比如焦虑、强迫、躯体形式障碍、解离障碍，以及为人处世的行为偏差，等等，而这些都与早期没有处理好俄狄浦斯冲突有关。

另外，经过多年潜心研究，我发现在文化传统、文艺作品、礼仪习俗、社会生活等方面的现象，也可以用俄狄浦斯概念来解读，它能够帮助我们探寻表象背后的心理意义。

"赎身仪式"引发的强迫症：俄狄浦斯情结是源头

二十多年前，我从一个全科大夫开始学习做一名心理医生。出于对人文心理的好奇和热爱，我全身心地投入了精神分析、心理治疗的学习和工作中，一度痴迷。那时候，心理治疗还没有普及，朋友、同道、圈子中，都把一些"疑难杂症"介绍给我，这些都是非常难啃的"硬骨头"。其中不乏在若干年后还能带给我启发和反思的经典个案，促使我对精神分析的基本理论产生源源不断的思考和体会。

现在我根据当初记忆的碎片，进一步加强对这个个案的精神分析式的理解。不同阶段的不同思索，使其逐步还原、解读、建构。

年方十八的 A 先生是一个初长成人的小伙子，可在国内各大医院反复就诊的经历已有五年之多。来时主诉：间歇性的剧烈腹痛、恶心、呕吐、严重的口吃。口吃严重到可以五分钟说不出一句话，只能偶尔蹦出一个半个字，跟人交流、自我表达都非常困难。通常像这样的病人：剧烈的腹痛、恶心呕吐，大夫会首先考虑胰腺炎、胆结石、阑尾炎、胃溃疡、胃穿孔、肠梗阻、肿瘤等这些病。然后逐一排查，但是 A 先生的检查结果却没有发现任何阳性结果。所有医生都无奈、莫名，他的病成了一个疑难杂症，直至被送到一所著名的医院住院，在又一轮检查之后确认其没有器质性病变，就决定进行全院大会诊。那时，内窥镜技术不发达，外科医生在处理"找不到病理原因"的病人时，最后的撒手锏是剖腹探查：打开腹腔看看到底有什么东西！然而，这一次会诊，他们请的一位神经科的权威老专家态度坚决地制止了剖腹探查手术。原来，这位老专家在神经科也诊治了大量心理障碍的病人，临床经验丰富。他建议他们去找懂心理治疗的医生看看。就这样，患者被转入心理治疗。

一开始，我与这个小伙子沟通很艰难，其家人兴师动众，使得治疗医生不得不小心翼翼，谨而又慎。

首次见面的交流最困难。这个患者满头大汗，给人的感觉是他非常恐惧、紧张。他的眼神总是流露出怯怯的神色，不敢跟人多一点眼神对视。医生想问他的情况，因为他口吃，问得急了，他就两眼发直，脸憋得通红。看得出来，他有想说的愿望、想表达的痛苦，但是他越想迫切地说，就越紧张，越紧张，口吃就变得越严重，直到一个字也蹦不出来。看到这个情景，我暂时没有多问。他的家人介绍了情况，内外科专家排除了器质性问题，转诊的专家意见也很清晰，我就直接从心理治疗的角度交流，安排了单独会谈。

我在最初的治疗中，主要运用的策略是"倾听"，态度关切、心境平和、默默陪伴。他只言片语，我们可以慢慢地拼凑出一些内容，继而发现他心里的内容。当我们不着急、不催促他讲话时，他就轻松很多，能够"哆哆嗦嗦"地往外蹦字。而当他能蹦出一些故事片断时，我们惊喜地看到他的眼神慢慢放松了，表情也慢慢生动了。

其实，与他不善言辞的外表不同的是：他的内心，犹如有一块烧得红通通的碳，炽灼而热烈，肚子里东西也不少，脑子里想法还很多。但，为什么感受不到这颗心的温度呢？是什么给这颗心包上了厚厚实实的冷冰冰的外壳呢？这是不是他无法与人交流的直接原因呢？我们看到他的内心有很迫切、很强烈、很痛苦的东西，可就像是一锅闷在小嘴茶壶里的饺子，一点儿也倒不出来。故此，内外科医生们认定：这人啥都不懂、啥都不会说。继而不断推测，不断检查，又严重缺乏沟通，这就会使得患者越来越害怕、越来越紧张，越来越担心自己的病会有多严重。而这种紧张、害怕又反作用于他的症状，使得发作次数一再增加，一再加重，直至形成交流和诊治的死结。

我接诊的疑惑是：这个问题是怎么形成的呢？我以前从未遇到这样症状表现的患者，即便是现在，我已经积累了多年心理治疗经验，遇上如此严重障碍的患者也是不多的。

经验告诉我：医生不能太急切地为了满足自己想要把这个问题搞清楚的好奇心，去催他，去推他。催促推动可能会让他一次比一次害怕、一次比一次焦虑，会让我的治疗一次比一次困难、一次比一次更深地陷入僵局。所以，一直以来，我就陪在他旁边，静静地坐着，默默地等着，安抚地看着他很艰难地、一个字一个字地往外蹦。终于，我在数次治疗交流后完成了对他的精神检查，发现他有严重的强迫性思维，并导致强迫性缓慢、口吃。我考虑他的核心问题是强迫性的语言迟缓，伴有躯体化障碍。

结合临床强迫症病人的做事特点：左右摇摆，来回冲突，自相矛盾而无法决断，而这位患者内心难以决断就体现在他说话的表达方式上。内心的冲突使他习惯反复地边想边说边推翻，他欲言又止的状态其实就是一种强迫的症状，这种强迫的症状又严重干扰了他与他人之间正常的交流，导致家人着急，医生困惑，自己病情加重却投治无门。

十几次治疗后，患者发生了显著的变化：情绪放松了，能说出一些句子。家人反映：他的间歇性剧烈腹痛最近发作次数减少了，程度也轻了，他们再不用像以前那样失急慌忙地送去急诊了。

又经过数次治疗，我逐渐听懂了他发病的前因后果、来龙去脉。

A先生生长在北方农村,一个具有浓郁传统文化、习俗的地区。二十多年前,某些农村地区还保留着众多的传统习俗。譬如各种仪式,仍然会在人的文化心理上、心灵成长上产生不同程度的影响。然而"习以为常""约定俗成"的行为,也往往容易让人们忽略习惯背后的本质含义和深刻寓意。这个患者就是如此。拨云见日,我们慢慢看到了习俗在这个男孩身上产生的作用。

A先生的村里会给男孩子们举行庄严的成人仪式,叫作"赎身",意思是到了一定年龄,族人要通过祭拜把男孩的命从神的手中赎回来,交给自己掌握。仪式的隐义大概是人们觉得孩子在十二岁之前,生命力尚不够稳定坚强,不能由自己主宰控制,需要由冥冥中的一个有着无边法力的上神掌握。而到了十二岁,这个生命就强大到能够自己掌控,不再需要被神来掌控,所以就要把此身赎回来。这种以家庭主持举办的仪式,会邀请全村人围观、见证,最后共同"食牲":就是大家一起吃掉祭祀上用来供奉的各种食物。

这种隆重的仪式会祭拜天、地、祖宗,要供奉三牲。供奉品叫牺牲品。上古时代,部落一级祭祀供奉的都是一些大型牲口,如牛、马,甚至有时候会杀奴隶、杀战俘,把敌人的头颅供奉在那儿,这都叫"牺牲品";一般小户人家祭拜的时候会摆上鸡、鸭、鱼等能供奉得起的东西;殷实富裕的大户人家,会用猪、羊作为供奉牺牲。作为长房长孙,A先生进入十二岁是家族的重大事件,隆重的赎身仪式,请到了所有族人及全村老少。在祭台前叩拜天地祖宗是仪式的核心、重点,众目睽睽下,十二岁的孩子要一丝不苟、严丝合缝、礼数周全、礼仪周到。然而,当战战兢兢的A先生跪拜下去的时候,他发现他的脸前堆满了肉乎乎、血丝丝、粉嘟嘟的各种供品:猪头、羊头、整鸡、整鱼。而盯着他鼻子的就是一只巨大的猪头，这个猪头被收拾得干干净净、漂漂亮亮，脸蛋白白净净，嘴唇红扑扑的，洁白的牙齿在外边露着，两个耳朵竖着，两只眼睛微微睁着，两条睫毛长长卷卷的……呃，恍惚间，他觉得这只被收拾得如此"漂亮"的猪头眼睛半睁半闭，低眉顺目，白里透红，就像面如秋月的美女，脉脉含情，无限温柔地注视着他。他俯身叩头，深深地拜了下去，然后站起来，再拜下去，再叩头，如此反复三次，是为三叩首。而不偏不倚的，那个"漂亮"的猪头在他俯身仰脸的时候，眼睛正对着他的脸，在他拾身起立的时候，粉唇正对他的裆。一瞬间，他血如潮涌，直冲头顶，舌干口燥，浑身过电，一个念头在脑海闪现："这猪头的大长嘴巴是要吃咬我的小鸡鸡吧？！"然后就一身冷汗，如坠冰窟，不辨自己了……这一情况，他的家人也有讲述：仪式还没完，就发现他突然满脸腊白、满头大汗，摇摇晃晃，看着随时都要栽倒。吓得家人扶着他应付完仪式，匆匆回家。此后，他就病了。他自己说，此后他会不由自主地联想到那天的情景、那个猪头的画面，那种被吞咬的感受，既兴奋又恐惧，想摆脱都摆脱不了，这可把他吓坏了。

在治疗师看来：这是一个强迫性想象的思维症状，强迫性地闪回脑海里的画面。但当时，我并不能完全明确，只是觉得怎么这么奇怪，一个现实不存在的想象怎么能把人吓成这样。祭祀的猪头怎么会咬人呢？但再怎么给他解释，也无济于事。因为这个幻想的内容让他羞耻、恐惧，他又不能诉说，兴奋的内心既内疚又愤怒，五味杂陈，翻来覆去，折磨得他六神无主、寝食难安，出现了恶心、呕吐、腹胀、腹痛。他出不了门，上不了学，害怕恐怖症状随时犯了就麻烦了。

从他的家庭来看：传统大家庭的长房长孙，都被认定是非常

"金贵"的男孩，会得到全家的关爱，看病当然成了家族的大事。可是，跑的医院越多，问题越多；见的医生越多，孩子就越紧张；越紧张就越说不出话，越说不出话，口吃症状就越严重。

从他的生活史看：他的父母一直都在外地打工，把他留在家里由爷爷奶奶抚养。他自幼聪明好学，辍学前，学习成绩一直都很好。在家里更是宝贝，受到无微不至的照顾。所以当他站在我面前的时候，我看到他的身体很结实、很健壮。而且从小到大他都是跟爷爷奶奶睡一个炕，从未分开过。固然北方农村这种小孩跟老人睡一个炕上的情况很普遍，也足见 A 先生的爷爷奶奶对这位大孙子的尽心竭力。

这个个案我当时看了二十几次，但实际上一开始我对这个问题看得并不是非常清楚，因为还没有学透那么多的精神分析理论，但凭感觉，我觉得这是一个跟俄狄浦斯情结相关的个案。因为个案涉及如下的几个主题：

第一，与神经症有关。这是一个神经症水平的心理障碍个案，他的核心问题是强迫性思维，症状表现还有躯体形式障碍。因为 A 先生不能述说、不能言表，所以他的症状就是在用躯体痛苦的形式不断表达内心的痛苦。口吃症状也可以说是一个强迫行为症状，这种行为是因为内心一直在犹豫不决的思考，对要表达的内容有不确定感，无法干脆利落地表态。从诊断评估来讲这些都属于神经症水平的一个问题。他的防御方式也体现出一些神经症水平的心理防御机制——他有反向形成、退行、疑病、躯体化等心理防御方式。

第二，与内心的幻想有关。我们看到的这些内容几乎都是他内心的想象——当时在他脑海里出现了想象的情景，这个情景也与性成熟有关。成人仪式意味着他的成长成熟，这个时候一个孩子的青春期性的意识萌动了，随之而来的就是他会有很强的压抑需要，但是压抑失败了，对性的恐惧就不断地涌现到意识水平上来，所以症状表现会与生殖器鸡鸡有关，这种鸡鸡受伤害的恐惧属于阉割焦虑。

第三，与青春期的心理发展有关。继续分析我们会发现，青春期会引发他的一个自我独立身份与家族的传承代表角色之间的关系冲突，甚至还会引发一个关于成长带来的分离焦虑问题。

第四，与被爱有关。关于爱在他的身上表现出来也有一个矛盾冲突，这个矛盾冲突表现在家人把他作为一个独立的个体来关爱呢，还是把他当作一个被角色化了的长房长孙来关爱呢，也就是无条件的关爱还是有条件的关爱。

以上都与精神分析理论中的俄狄浦斯主题有关。

俄狄浦斯概念的三大内涵

俄狄浦斯这个术语，包含如下几层含义：

第一，俄狄浦斯王的故事。这个术语源于一个希腊神话故事。故事的主人公叫作俄狄浦斯，在他的成长中经历了与父亲和母亲之间曲曲折折的冲突和磨难。这是精神分析关于俄狄浦斯这个术语的原始出处。在中国文化中也有许多与此情节相似的故事。

第二，俄狄浦斯阶段。它指的是一个人心理成长过程中的一个时期，这个时期凸显了某些有规律的特征，其内在的冲突模式与俄狄浦斯情结相似，所以把这个心理发展阶段命名为俄狄浦斯期。

第三，俄狄浦斯情结。弗洛伊德从希腊神话俄狄浦斯王故事中引申出了"俄狄浦斯情结"这个概念，用以揭示一个人内心冲突的模型，其特点是在人际关系的竞争、超越中会产生内疚、遭受报复的恐惧。这是本书的重点。

俄狄浦斯情结又包含两方面的内涵：俄狄浦斯三角关系、心理性别身份认同。

俄狄浦斯三角强调"三角关系"，是从这个概念的人际关系结构的角度来探讨的。三角形有三个角和三条边，三个角分别是孩子、爸爸、妈妈。他们之间的相互关系联结组成了三角形的三条边。俄狄浦斯三角关系又分为：完整的三角关系和不完整的三角关系。完整的三角关系意味着三条边，或者说这三个人之间的关系都是完整的；不完整的三角关系是指在这三种关系中，有某一条边的联结是不牢靠的。若以孩子为中心，那么，孩子跟他的爸爸、跟他的妈妈，这两条边分别都是牢靠的，因为爸爸妈妈都是他最亲的人。那么，在孩子的内心世界里，他的爸爸妈妈又是什么关系呢？如果孩子对内在关系的识别、感受、确认的能力不够，爸爸妈妈之间的关系，在他的认识上可能就是断裂的、残损的、不完整的，那就会导致这个三角关系不完整。

俄狄浦斯期有一个非常重要的心理发展任务：在心理上对自己性别身份的充分认同。一个人的生理性别身份是由出生时的器官特点决定的，但是他／她在心理上对自我性别身份的确认，是在经历了俄狄浦斯情结的成功处理之后才决定下来的。在正常的发展情况下，男孩会发展出男子汉气概，女孩会发展出女孩的特征，如温柔、妩媚。在此发展阶段一旦有了障碍，就会出现生理与心理不协调、不一致的现象，比如娘娘腔，或者女汉子。

丧父之痛的启示：弗洛伊德提出俄狄浦斯情结

弗洛伊德于 1856 年出生于维也纳，犹太人，天资聪明，勤奋好学，大学毕业之初他想当教授，后来出于生活收入的考虑，选择了做临床医生——神经科医生。当时神经科医生要诊治很多现在看来属于心理障碍的病人，所以慢慢地，弗洛伊德对心理障碍的患者有了兴趣。

在对神经症病人的治疗和研究中，弗洛伊德提出了一系列的心理结构理论，潜意识理论就是他最重要的贡献之一。他提出了意识可以分为不同的层次——意识、前意识和潜意识，并且他身体力行去做一些研究。

他的研究方法，首先是对于一个人所表现出来的口误，或者笔误这些失误进行分析。他提出恰恰是这些失误可能反映出我们自己未曾察觉到的存在于潜意识里的那些内容，失误就是"它们一不小心露出了马脚"。然而，用分析"失误"这样的研究方式犹如守株待兔，大海捞针，只能被动地等在那里发现他人的失误。可是如果遇上一个稍微机智一些的病人，逮住其失误、笔误的机会就会很少，研究效率就会很低。

那怎么办呢？另一种方式就是借助于催眠的技巧，引导一个人自由自在地说话，叫"自由联想"。运用"自由联想"的治疗方法，可以使病人无所顾忌地、滔滔不绝地讲话，而医生有办法、有技巧地跟随记录整理，提取并探究其潜意识的内容。然而，尝试后发现，这也是一个个人化程度要求很高的办法，因为种种原因不配合的也大有人在。故而，"自由联想"也不容易被推广使用。

之后，弗洛伊德又发现了一个更好的探究潜意识的方式，即研究梦。1900 年他出版了一本划时代的书《梦的解析》，这一年被视为精神分析元年，这本书发挥了里程碑式的历史作用，研究梦以治疗病人，成了心理学发展中一个标志性的事件。弗洛伊德首先在研究自己梦的过程中，不断地记录着自己的梦并分析之。他写信给一位叫弗利斯（Fritz）的精神分析同伴，讲述并分析自己的梦，甚至家事，听他的反馈意见。

1897 年，他在给弗利斯的信中提到希腊神话俄狄浦斯王的故事，正值弗洛伊德的父亲去世，弗洛伊德做了许多关于自己和父亲之间关系的梦，毕竟这对他，是一个非常重要的人生事件。在分析这些梦的时候，他体会到原来自己的内心深处跟父亲还有这么复杂的情感：爱、恨、怨、竞争，甚至敌意。弗洛伊德觉察到了自己内心对父亲的攻击性，并为此感到深深的内疚。这个幻想中的内疚感让他自责、自问：是不是我一天到晚看他不满意、不顺眼，觉得他老不死，结果把父亲咒死了？这是不是我干了坏事？老人家都死了，我却还健康地活着，这让我情何以堪呢？这是多么不厚道的事情呀……

"幸存者的内疚感"，就是在这样的背景下提出的，由此，弗洛伊德又联想到希腊神话《俄狄浦斯王》的故事，两相融合，就产生了"俄狄浦斯情结"这个概念，含义是：超越父亲并不是一件轻松的事情，这会让我们的内心充满内疚。

希腊神话《俄狄浦斯王》的故事

《俄狄浦斯王》的故事最早出现在希腊神话中，它在外国文学史上具有典型的意义，后来索福克勒斯把它改编成一部戏剧。这个故事讲的是一个国王叫俄狄浦斯，在不知情的情况下，杀死了自己的父亲，并娶了自己的母亲这么一个情节荒诞的乱伦故事。之所以说荒诞是因为它与现代人的想法、情感、行为、意识、伦理、人情世故完全不一样，简直就是"毁三观"的狗血剧情。但是希腊神话偏偏就是这样写的，而且神话又被作为经典流传下来。那意味着什么？如果一个神话能够作为经典，说明这个神话传递的内容虽然让我们有一些匪夷所思，但是它在某种意义上可能更深刻地呈现了人类潜意识深处更重要、更隐秘的东西。

俄狄浦斯的父亲原本就是忒拜国的一个王子拉伊奥斯（Laius），这个王子幼年丧父，他的监护人也被杀了，他投奔了另一个人——珀罗普斯国王，给国王的儿子当家庭教师。但是他在当家庭教师的时候却将其儿子诱拐至忒拜并导致其死亡。本来珀罗普斯王是他的恩人，他现在这样做就是恩将仇报，成了人家的祸害。珀罗普斯王非常愤怒、非常仇恨地诅咒拉伊奥斯会被自己的儿子杀死。这就等于给他下了一个心锚，这个咒语以后就成了拉伊奥斯的心病，所以后来他一直不敢生孩子。在忒拜，他被推选为王，但他结婚以后，一直不敢跟王后同房，有一次被灌醉后与王后约卡斯塔一夜交合，生下了一个儿子。

国王生了孩子，那是一件重大的事情，必须向上天的神报告，宙斯神说，他的儿子长大以后会有杀父娶母的危险，于是他赶紧让仆人把这个孩子处理掉。但那个仆人动了恻隐之心：这么好端端的一个孩子怎么下得了手，这不是作孽吗？所以就把那个孩子遗弃在荒郊野外。结果这个孩子果然命大，被一个牧羊人救了。当时这孩子脚受伤了，红肿红肿的，所以就给这个孩子直接取了个名字叫俄狄浦斯，意思就是红肿的脚。

牧羊人游牧走到另一个国家，那个国王家里没有孩子，牧羊人就把孩子送给国王收养，于是这个孩子又成了一个王子。慢慢长大后，他也听到了这个杀父娶母的神谕故事，这可把他吓坏了，心想这神说的万一要是应验了，那可不得了。这孩子为了避祸离开了这个国家。殊不知，他离开的是他的养父母的家。

此时，拉伊奥斯的国家正遭受报应。因为他当年做亏心事儿，天神为了惩罚他，送来了人面狮身的女妖斯芬克斯，全城陷入恐慌。城里没人治得住妖怪，于是拉伊奥斯国王领了一些人出城求救。在经过一个非常狭窄的路段时，与去国而逃的俄狄浦斯刚好撞上。狭路相逢，互不相让，两方就打起来了。俄狄浦斯一怒之下把对方的领头人给杀了，他并不知道自己杀的这个人就是他的生身之父，国王拉伊奥斯。

事后俄狄浦斯稀里糊涂地逃到故国的首都忒拜，降伏了妖怪斯芬克斯，挽救了这个国家。按照当时的习俗，来了一个英雄把国家救了，这个国家没王，刚好他来当国王。前国王所有的都归他，国家也给他，城堡也给他，老婆也给他。他就跟王后结了婚，还生了两儿两女。这肯定是乱伦的事情，当然是要遭报应的。

因此，俄狄浦斯当国王，国家安生不了。今天地震，明天台风、龙卷风，后天失火。反正就是灾难不断，瘟疫流行，蝗虫四飞。于是国王开始反思罪己。他就让人去向神求示：上天为什么要这样惩罚我啊？我做了什么亏心事儿吗？结果谜底一揭，原来这就是他的老家，他杀死的那个老头就是他的亲生父亲，现在他结婚的这个王后就是他的母亲。

天啊，这事不丢死人了吗？王后羞愧难当，上吊自杀了。俄狄浦斯痛恨自己怎么就眼睁睁地干了这么一桩见不得人的荒唐事情！他把自己的眼睛刺瞎，向人民承认自己是一个罪人、一个恶人、一个妖孽，不配当国王，然后他就离家出走了。从这个故事中我们能够体会到一个充满报应和内疚的主题。

俄狄浦斯走的时候把他的国家托付给他的一个顾命大臣，让那个顾命大臣照顾自己的两个儿子，以后让孩子长大了继承王位。结果这两个儿子为了争夺王位又开始斗得不亦乐乎，两个女儿却担心父亲的性命，去寻找她们的父亲。随后这两个姑娘在荒郊野外找到了她们的父亲，陪伴她们的父亲度过了一生。

潜意识中的关系冲突：俄狄浦斯情结

俄狄浦斯王的故事，虽然已经流传了很多年，但是被弗洛伊德再次激活，并给了它新的诠释：俄狄浦斯情结，即在潜意识里情感未能梳理通畅的症结。

俄狄浦斯情结是俄狄浦斯这个概念中最重要的一个话题。它的内涵包括两大部分：一部分讲孩子、爸爸、妈妈三个人之间的情感关系，或者叫心理关系。这三个人之间的心理关系形成了一个三角形，如何处理好这个三角关系内部愿望、需要、竞争、团结的矛盾冲突，就是俄狄浦斯的核心内容。而另一部分内涵是：俄狄浦斯情结的第二个价值或者意义，即一个人经过俄狄浦斯情结的内心斗争过程，他要完成自己心理上的性别身份认同，从心理上确认自己是男是女。

俄狄浦斯作为一种情结是对心理特点的一种解释，它是不是在任何时候都有呢？随着弗洛伊德对于心理发展阶段的探索和研究发现，这种俄狄浦斯情结的现象会突出发生在儿童心理成长的某一个特定阶段，大概在三到六岁，这个阶段被命名为"心理成长的俄狄浦斯期"。

可以说，俄狄浦斯情结的提出为精神分析奠定了一个核心概念。后来有研究弗洛伊德的人发现俄狄浦斯故事跟精神分析之间的平行关系。比如说在俄狄浦斯故事中有一句话是"我必将再次地把黑暗带到光明"。弗洛伊德的精神分析就是把在黑暗中的潜意识带到意识。

但要提醒大家的是，俄狄浦斯这个故事启发了弗洛伊德提出俄狄浦斯情结，这个俄狄浦斯情结却不等同于《俄狄浦斯王》的故事。也就是说俄狄浦斯情结并不是简单地像《俄狄浦斯王》故事中所呈现的乱伦、杀父、娶母情节，这仅仅是一个故事的表面。

俄狄浦斯情结是借用这个故事，比喻人的潜意识深处对于父母亲所具有的复杂的感情。它是一个象征性的隐喻，并非一个科学的验证。俄狄浦斯情结涵盖了我们内心情感关系中众多复杂的关系冲突，比如说人人心里存在的爱和恨、好和坏、欲望与诱惑、安全与迫害、攻击性与遭报复、胜利感和内疚感、亲密感与分离等等配对的矛盾关系特征。

这些内心经验所感受到的复杂的矛盾配对关系，都可能被投射在一个孩子与父亲和母亲的三角关系中。我们可以借助于孩子投射在三角关系中的那些象征内容来探讨人类内心复杂的情感经验。

俄狄浦斯三角关系

俄狄浦斯三角关系有两种情况：一种是完整的俄狄浦斯三角（意味着一个人进入到成熟的俄狄浦斯期的反应，孩子能接受父母是夫妻俩，是一对）；一种是不完整的俄狄浦斯三角（早期，前俄狄浦斯阶段，在心理上不能感受到父母是一对，或者认为父母是两个没有关系的人）。一个成熟完整的俄狄浦斯三角能解释一个人内心的孩子、父亲、母亲三个人形成的关系，也可以解释每个人都能体验到的渴望、抑制、欲罢不能、爱恨交织等等。而在复杂感觉中找到平衡点是此阶段要完成的任务。在这个三角关系中，如男孩对母亲，又渴望，又要节制欲望；对父亲，既攻击又排斥，同时还害怕受到严厉的惩罚和报复。阉割焦虑就此激起，继而还会产生强烈的内疚感。

成年人需要了解俄狄浦斯期对于孩子的重要性。对于妈妈，一方面要享受儿子、宽容儿子、接纳儿子对自己的依恋和渴望，另一方面又要有分寸，不能在依恋中发展出诱惑。陕西人老话讲的："你（父母）不能太骚情，太骚情对娃以后不好！"而作为父亲，要能够容纳儿子对母亲的迷恋，不担忧这个威胁，并随时准备好做儿子的榜样，同时接纳儿子对自己的较劲和挑战的渴求。父亲是男孩认同的对象和学习的榜样，他的出现可以使得过分紧密的母子关系拉开距离，让男孩接受父母本是夫妻的现实，自己无法第三者插足。男孩自己需要认同父亲作为男人的方式，走自己成长的路，成为一个男人，去寻找自己的另一半——自己所爱的女人。

当然，女孩在这个心理阶段的反应和表现也是一样的，只不过角色对调了一下：她表现出的是排斥妈妈，而本能地爱爸爸、亲爸爸，更有甚者，会希望取代妈妈而"嫁给爸爸"。当然，同样，妈妈在这其中也起着非常重要的作用：了解、理解、接受、接纳，女孩才能健康地成长发展。

中国版的俄狄浦斯故事——薛仁贵与薛丁山

俄狄浦斯冲突在很多外国文学艺术作品中都有呈现。同样，在很多中国文学艺术作品里，也都有类似俄狄浦斯的故事。西方文化背景下的潜意识呈现，比如《俄狄浦斯王》《哈姆雷特》，在中国经典话剧《雷雨》和电影《满城尽带黄金甲》里就有相似的剧情，这些戏剧、电影所讲述的神话、传说、故事中，都在表达这个主题。曹禺在话剧《雷雨》中对俄狄浦斯情结的表现，可能受到莎士比亚的影响。这也跟作者所处的年代，对西方文化的认同，对西方文学的学习、模仿有关。这是西方文化传入中国后的一种现象。

中国版的俄狄浦斯三角关系冲突有没有呢？中国人在希腊神话、弗洛伊德理论传入之前，有没有类似俄狄浦斯冲突的故事呢？我们有几位前辈做过这样的研究，我也在接着继续做。

不同文化背景下的人在学习精神分析的时候，都面临一个问题，即要回答或者探讨在自己的母体文化里有没有俄狄浦斯情结这种现象。如果不回答这个问题，那我们对于精神分析基本的主题就没有解决，也就是说这是一个不容回避的问题。所以在华人的精神分析专业领域里，一直有人在做这个主题的研究。最早在国际上提出中国人的俄狄浦斯情结分析的是曾文星教授，他早年在美国读的是精神病学和精神分析，后来在夏威夷大学医学院成为精神科教授，精神分析的造诣非常深厚。20 世纪 80 年代，他对中国心理治疗事业的起步和发展做出了重要贡献。他曾经分析了中国文学中很重要的作品《薛仁贵征东》《薛仁贵征西》中薛仁贵与他的儿子薛丁山之间父子相杀的故事。

话说薛仁贵，当年是个单身汉，来到长安城里打工，在建筑工地上给人下苦力干活。这一年冬天，工头接了一单，给柳员外家盖房子。临近春节活儿没干完，其他工人要回家过年，薛仁贵一人吃饱，全家不饿，就自告奋勇留下来看守工地。薛仁贵身体健壮，干活不惜力气。白天在工地东看看西瞧瞧，不顺眼的话就随手修整拾掇一下，一天下来也累得够呛，天黑时就靠着工地的一面墙，铺上干草睡了。"傻小子睡凉炕，全凭身体壮"。半夜下了一场雪，薛仁贵居然没被冻醒。

这个墙角在柳员外家小姐的绣楼下。小姐叫柳金花，推窗看见天下大雪了，赏雪之时发现墙脚躺着一个人正呼呼大睡。姑娘好心肠，取出一件当年最好的保暖衣服，又轻又薄又暖，从窗户飘下去，刚好飘到薛仁贵身上。薛仁贵早上醒来一看，这么好的衣服还是第一次见到，以为是老天所赐的宝物，激动之余，傻乎乎地就穿到身上，满院子招摇。

柳员外看见薛仁贵穿了这件衣服非常生气，觉得肯定是家里出了见不得人的大丑事儿。他暗忖这稀世珍宝我家只有两件，一件给了小姐，一件给了少奶奶。小姐整日大门不出二门不迈，绣楼都难得下来一回半回的。自当不会跟这厮有半分瓜葛，定是这儿媳妇不守妇道，做下这见不得人的丑事儿。于是叫来夫人一顿数落，你这家里的内务是怎么管的，竟然出了这么大的丑事儿？夫人初闻，也料想着是儿媳妇做出不好的事情，正当责罚，不料儿媳妇把她那件衣服拿了出来。老太太顿时乱了方寸。此时有一年长的下人给夫人出主意：小姐这事儿跟那个小子有关，衣服让他穿了，他不能置身事外。如果让他娶了小姐，事情就能过得去了。员外家的保姆主动去找薛仁贵谈判。

傻小子一听真是喜从天降：如果你家小姐愿意，我自当愿意了。员外家里放出消息，假装小姐跳了井，夫人也趴在井边哭了半晌，各种戏码做得很足。就连员外也被蒙在鼓里，听到这个消息更觉颜面丢尽，恼羞成怒，叫人赶紧把井填了，以后就当没这个女儿了。这边薛仁贵就带着小姐悄悄出了后门，远走异乡。

柳金花和薛仁贵一口气跑到一个叫"寒窑"的地方落脚，在一孔废旧的窑洞里暂时安身下来。当年那个地方可是非常的荒凉，他们冬天离家，转眼间就开了春，二三月里青黄不接，周边地里的野菜都被他们挖完了，生活异常艰辛。薛仁贵不忍心让柳金花跟着自己过苦日子，就去应征入伍。他身材魁梧、力气过人、勇猛善战，又性格豪爽，在军队立了很多战功，职位很快就升到大将军、征东大元帅。这样一过就是十八年，柳金花也在寒窑守了十八年。后来围绕这个故事编了很多戏，京剧《汾河湾》，晋剧《射雁滩》，秦腔《五典坡》都是在讲这个故事。

薛仁贵从军十八年，功成名就，就想着要衣锦还乡，打算接夫人一起去过荣华富贵的日子。因为不确定柳金花还在不在曾经的寒窑，还有没有在等他，就派人提前去送信。在回家的路上他却动了些心思，想着柳金花会不会受不了苦日子回娘家跟父母哭诉一场，就此有了新的生活？这样盘算着就走到了河边，看到一个少年在拉弓射雁，射箭技法纯熟，无一失手。薛仁贵暗自赞叹，上前询问少年师从何人，少年言自学成才。薛仁贵就有心要与少年一比高下。两人约定各自后退一百步，相向而射，让两箭相遇。射到最后一支箭，薛仁贵心里咯噔一下，心想这小子长大了还了得，岂不是会超过我这个元帅的功名。有了私心，手就不稳了。箭一出手，他意识到偏了。少年的箭没碰上他的箭，也射过来，他一个后滚翻躲过，但是少年并没有提前意识到他的失误，一箭直穿咽喉，死了。薛仁贵慌忙打马而去。

接近寒窑的路上，薛仁贵看到一个妇人在挖野菜，他觉得像是柳金花，但是心里又想考验她，就假扮不相识去调戏人家。柳金花苦守寒窑十八年，日思夜想，苦苦期盼，心心念念等着夫君归来。路遇痞子，自然是懒得搭理，以最快的速度跑回家关起门来，任薛仁贵如何挑衅都不开门。薛仁贵试探成功，看到柳金花很忠贞，心下欢喜，方报了姓名，行了大礼，柳金花这才款款开门迎接夫君还家。

欢欢喜喜的薛仁贵进门后怔住了，一孔寒窑一览无余，后半截是个炕，前半截就是灶台。炕前头的地上还摆了一排鞋子，竟然还有男人的鞋，看起来那男人的脚还蛮大的，跟他的脚差不多大。薛仁贵怒不可遏，这屋里有别的男人了吗？

柳金花故意戏弄他说，这个男人跟我关系好，一个锅里吃饭，一个炕上睡觉。薛仁贵恼羞成怒，要不是念在她十八年苦守的份儿上恨不得把她杀了。柳金花看他如此愤怒，也知晓薛仁贵一直惦记着自己，这才告诉他这是他们的儿子。薛仁贵一听居然有个十八岁的儿子，自然喜不自禁，忙问儿子呢，柳金花说听说你要回来，家里没肉，儿子去河滩给你打雁去了。薛仁贵傻眼了，长叹一声，赶紧哄怂着要带夫人走，柳金花稀里糊涂也就跟着走了。之后薛仁贵继续在部队带队西征。我们看明朝写的话本有《薛仁贵征东》《薛仁贵征西》。后来有《薛刚反唐》，写的是薛仁贵孙子的故事。

话分两头，再说孩子。孩子被射死是我们觉得很悲伤、很冲突的事儿，我们来看作者怎么处理这种冲突。作者让这个孩子的身体死了，但是魂没死，元神未散，被一位叫王敖老祖的道家高人救了。王敖老祖把孩子带到山上，用莲菜萝卜之类的东西拼一个人形，把魂附上，孩子就复活了。复活后师父教了他十八般武艺、兵书战策。

三年之后薛仁贵挂帅征西，在如今的嘉峪关一带身陷重围，唐太宗发兵数次，几路救援均无结果。无奈广招天下英雄，要救薛仁贵于危难之中。王敖老祖于是吩咐徒儿薛丁山，说他下山救父的时间到了，父子之怨要解了。薛丁山遂出山揭榜，带兵营救，并打败了敌人。敌人退兵后，薛丁山部却找不到被营救的主帅，搜寻中突然发现一只白额大虎从草丛里跳出，朝众人扑来，众士兵吓得落荒而逃。薛丁山镇定自若，一扬手，"嗖嗖嗖"三支箭直奔虎头而去，结果老虎大吼一声，轰然倒地而亡。

大伙儿都跑过去看老虎，却发现没有老虎，倒在地上的是一位将军，将军的脑门上有三支箭。再仔细一看，这个将军就是前任元帅薛仁贵，儿子把父亲射死了。

《薛仁贵征东》《薛仁贵征西》是明朝时期的作品，当时中国跟希腊并没有文化交流，却与俄狄浦斯王的故事异曲同工。

02

人生困境的症结：
俄狄浦斯三角冲突

正常的俄狄浦斯情结都需要在心理发展的过程中度过，然后突围而出。也就是说俄狄浦斯情结是一种必须要有的心理过程，经历过后还要走出来，不能一直深陷其中。如果一个人无法走出俄狄浦斯情结，将在其内心形成一种潜在、持续的"俄狄浦斯三角关系冲突"。

当一个人陷入冲突之中时，意味着他内心的几种力量、几种成分之间在不停地博弈，不停地抗争。如果这些冲突持续存在，不能被良好地和解，就会走不出去，离不开这个困境位置，这样就形成了持续的纠结，徘徊不前。那么他的心理能量就会在这种内心纠结冲突里被消耗掉，就不能建设性地发挥作用，使他成为莫名其妙的失败者。

俄狄浦斯情结可以解释每个人内心都曾经经验到的"渴望""抑制"及"爱恨交织"的情感，而且每个人都需要在这些情感中找到平衡点。在俄狄浦斯期的三角关系中男孩对母亲是渴望的，但他又要节制自己的欲望，抵御母亲带来的诱惑。而他对于父亲是攻击和排斥的，但同时又害怕受到他的惩罚和报复（被阉割），并进一步产生内疚感。

内心三角关系冲突外化为与父母的矛盾

父母对孩子俄狄浦斯情结的处理和涵容是非常重要的：母亲一方面要能够享受、接纳儿子对她的迷恋，但同时又不能出现诱惑性的行为。父亲应该能够接受儿子对母亲的迷恋，不会感觉被威胁，并随时准备好做儿子的好榜样，同时接纳儿子对他的竞争、攻击和贬抑。父亲作为儿子认同的对象，让儿子逐渐接受父母本是夫妻，自己无法插足，自己需要认同父亲作为男人的方式，并走自己成长的路，成为一个男人，去寻找自己的另一半——自己所爱的女人。

俄狄浦斯情结是一种重要的内心关系现象——三角关系。在俄狄浦斯期内，每个人内心所经受的情感、欲望、认识、关系等确实有着多个维度的配对冲突。作为经验留下来的那些关于好—坏、爱—恨、欲望—诱惑、安全—迫害、攻击—报复、胜利—内疚、亲密—分离等的主题，或相似或差异的主题，都是我们内心多个维度配对冲突的表现。所有这些冲突都会被投射到父母和孩子三人之间的关系里。

孩子通过与父母的相处，学习如何借由亲近父母而感觉到自己的特殊性及可爱，但又不至于太亲近，免得有被吞噬的感觉。在三角关系中，孩子通过与父母相处的经验，学着如何把握、尊重人际关系的限度，既不会觉得被排斥、被拒绝、受挫折，又不能过分亲近，失去边界而融合；同时孩子在跟父母的三角关系中学习如何容忍竞争和嫉妒，而不会觉得被竞争和嫉妒所吞没，或者怒火中烧，或用它来报复、毁灭他人。

神经症性的内心冲突：未走出的俄狄浦斯情结

神经症的人是因为内心冲突的纠缠、羁绊，把自己发挥建设性心理能力的腿绊住了，然后他就犹如老牛入泥潭，变得做事情黏黏糊糊、叽叽歪歪、瞻前顾后、不干不脆的。拖延和犹豫不决就成了陷入俄狄浦斯冲突之中，心理特点停留在"神经症水平"的人的特点。

一个心理素质较好，发展得比较健康的人是什么状态呢？就是"好汉做事好汉当"，干脆利索。而当一个人陷于三角关系冲突中时，他就会顾虑重重，利索不起来。所以这个人在做人、做事情的时候总是表现出一个特征，就是优柔寡断，顾虑特别多，这边也行，那边好像也妥帖；但同时这边好像也欠点儿，那边好像也不太舒服。

一般这种神经症的人都是有良心的人。比如他想当个好人，但是他心胸不够大、心眼小，把自己搞得挺累。那你说，算了，发个狠吧，你别当好人了，别当伪君子了，当小人吧。他还不行，当不了小人，他不允许自己当小人。总体而言，神经症患者通常是好人，是想做好事的，但做好事多了又怕自己吃亏，心理不平衡；让他做坏事吧，他又做不了，良心承受不了。有位同事打了一个比方："一个人不怕当好人，也不怕没良心。就怕良心被狗吃了一半，还剩了一半，这是内心最煎熬的状态！"嗯，说得顶实在！

我们怎么理解这种类型的人呢？要从一个人作为一个主体，从他的内心关系经验的结构上去理解。这个内心关系经验的结构和他说出来的现实关系往往不完全是一回事。现实中的人际关系表现与一个人内心的那几个不同的人物形象之间的关系模式，有时候是不重叠（不等同）的。它们有关联，有相似，但是不完全重叠。

理解俄狄浦斯三角关系，重要的是理解一个人内在的心理世界，以及与不同的形象之间的关系经验。这是我们在做心理咨询和理解内心世界的时候，贯穿始终的一种思路和能力，即不断地去推测、不断地去体会、不断地去求证在一个人的内心那几个形象之间的关系经验。

一个人在俄狄浦斯期，内心的三角关系是一个相对比较成熟、比较完整的客体关系。在此之前称为前俄狄浦斯期，其内心的三角关系是不完整的。不完整的意思是说在一个人的内心经验里，父母不完全是有联结的，父母是不是一对夫妻，这一对所谓的夫妻是什么样的关系，在他的内心并没有很清晰、明确的体验和概念。

成熟的俄狄浦斯期意味着一个人不再是"单一地"体验与"单一的人"建立关系联结，他要顾虑到他和两个不同的人建立比较复杂的情感关系的体验，而且这两个人之间还有属于他们，而不属于我的关系。这是成熟阶段的特点，是完整三角关系的特点。

竞争，是俄狄浦斯三角冲突的核心主题

在俄狄浦斯三角关系中，我们会看到孩子跟同性的父母之间出现竞争、排斥，对异性父母有强烈的渴望、占有、与之亲密联结的趋势和主题出现。

俄狄浦斯期与其之前的心理发展阶段的差别在哪里呢？差别就是出现了竞争这个主题。竞争成为俄狄浦斯期一个非常重要的话题，是任何人都不可回避的话题。

既然是竞争，结果就会有输赢，见高低。有了输赢，见了高低，这个人一定对这个输赢、高低是有反应的。那么会有什么样的反应呢？

不同心理特点的人对竞争产生的输赢、高低的反应特点各不相同。下面分别梳理一下这些对竞争结果的不同反应。

竞争获胜后的内疚感

竞争就要产生赢和输的结果。当你赢了的时候，你会很高兴，这是自然正常的反应。但是，你会赢得特别心安理得吗？对有些人来说往往不是。有时候在竞争中取得了胜利，超越了别人，会给自己带来一种负罪感、内疚感。

为什么赢了还会产生内疚感呢？这个"内疚感"来源于和同性父母竞争中的胜出。比如说男孩子在跟爸爸的竞争中赢了，把爸爸撵走了、排斥走了，甚至把爸爸"干掉了（象征意义上的）"，虽然赢了，但是这个孩子的内心并不宁静，会对爸爸产生内疚感。

有一次，一位身高一米八八的德国同事跟我聊天时说到他儿子，我说："好几年没见，你家儿子现在大约长得比你都高了吧。"他哈哈大笑，说："是啊，我儿子跟我比个子，高出我半头，他看了看我，有点不好意思地说，爸爸，不是你个子矮，是我长得太高了。"哈哈哈，是俄狄浦斯情结让儿子有点内疚罢了。

这就是弗洛伊德在分析自己的梦时说过的那句话，叫作"幸存者的内疚"。有内疚说明有良心，良心未泯才会有内疚感。如果一个人在这个竞争中醍畅淋漓、痛快饮血而没有任何内疚感的话，这个人很可能具有前俄狄浦斯期的特点。

高处不胜寒的女孩：赢不起的考试焦虑

有些考试焦虑的孩子有这种现象：既不想输，又不好意思赢。这是因为竞争带来的"内疚感"。这是在竞争中赢了之后经常会产生的一种现象：赢不起的考试焦虑。这是一种常见的类型。

一个重点中学的女生，聪明，上进，对自己的成绩、排名一直有很高的期待，但是竞争压力也比较大。最近几个月，她变得很紧张、睡不好觉、心情烦躁。她主动向妈妈要求看心理治疗师。

她很主动，反应也快，动机很强，心理治疗见效很快，三四周以后，症状就得到了很明显地缓解。按说这是个好事儿，可是在紧接着一次复诊的时候她跟我讲："坏了，我现在更焦虑了，现在是天天焦虑。"

我问是怎么回事。她妈妈说是因为这次考试名次一下子提高了二百多。这不是好事儿吗？而且是出乎我意料的迅速提高。从过去的全年级三百多名到现在全年级一百多名。提高了二百多名，这在重点中学相当不容易。

"原来是这样。"我就笑了，"考得好了反而还让你焦虑了？"妈妈很着急："不应该啊，我们考得这么好，怎么还会这样呢？"孩子直摇头："不是这么回事儿。"

遇上这种情景，作为治疗师我们要说什么呢？

我看着她笑着说："高处不胜寒呀！"那孩子哈哈一下笑了，她说："就是，就是，就是，就是。"一连串的"就是"。

我说："那现在高处不胜寒，怎么办呢？你还要在那儿待着吗？"她显得很为难，不知道怎么回答我，在犹豫。

我看她犹豫就说："你是要起舞弄清影呢，还是要轻松在人间？"这孩子笑了："我也不知道。"

我说："对，你不知道。做一个普普通通的学生待在这个平平常常的位置上，你不甘心；待在这个出众的位置上你又担忧。""就是，大夫您说得对，我就是这样的。"孩子答道。

竞争失败后的被动攻击：输不起的考试焦虑

不是所有的竞争都能赢，也有输的时候。输了会怎么样呢？还有一种情况就是"输不起的考试焦虑"。

这个案例是一个孩子在竞争中输了产生的反应。这是个男孩，也很聪明伶俐，焦虑很明显，还有一定的抑郁反应，跟父母对抗，而且反感心理治疗，不配合。为什么呢？因为他认为这是他的父母把他送来的，是父母要治疗他，他一脸的不服气。

访谈中我了解到这个孩子最近一个时期不去上学，爱好打游戏。背后的原因是成绩上不去，父母很着急，指责、批评他。而爸爸本身就是他上学的那个高中的老师，是一个很要强、很认真的人，对儿子的要求一直比较严。

儿子很有个性，也很倔，处于跟爸爸一直不太交流的状态。随着孩子在学习上出现困难，爸爸更多的是着急、批评、严格要求。这让孩子在学习竞争中越来越感觉失败，但是又不服气。于是他把自己的聪明才智转向网络，迷恋打游戏，以至于现在彻底辍学了。

辍学后爸爸妈妈再也不敢骂他、不敢打他、不敢教训他了，非常无奈。很有意思的是，他在起初来就诊的时候，并不愿意配合，甚至连与我目光的对视都很少。但是我跟他聊了几次以后，他越来越配合，表示愿意来。

随着治疗的推进，他慢慢地发生了一些变化，情绪逐渐稳定了。最近一次他说爸妈看见他最近状态好了，就着急地想让他去上学，可是又不敢直接说，就搬来一个救兵——孩子的舅舅。舅舅很能干，也是这么多年来孩子一直比较认可的一个人。

舅舅用了激将法，说了一些"我看你就是个没志气、没恒心的人，如果你有本事你就应该如何如何的不甘人后"之类的话，并用非常严厉的口气教训了这个孩子。没想到这一顿严厉教训以后，情况变得更糟糕了。爸爸妈妈就围绕着这个孩子的事情急切地跟我讲。我一看情形，知道事情坏在爸爸那儿了。为什么我觉得是坏在他那儿呢？

爸爸是那种表现得特别精明、特别能干、特别有主见、特别励志上进的人。我估计这个孩子可能在他面前总是感觉受贬低、受委屈、受压抑。

等爸爸说完我就问他："你的状态不是在好转吗？我听你爸妈的意思是说你好了呀！你自己觉得怎么样？"那孩子给我的反应立刻就是"我没好，我没好，我最近还是老头疼，我还是睡不着觉"。

"对，"然后我就笑了，"就是，头还疼，还睡不着，看来心情也不太好，对吧？"

"嗯嗯。"

"那看起来是你爸你妈好像有点着急，想让你去上学啊？"

"就是，他们总是这样着急，他们越这样的话我越去不了。"

我说："就是，你去不了。不过我看你爸为这事儿比较着急。"

这个孩子就用很怨恨的目光看了他爸一眼，我看他的脸色和眼神不太对劲，在生气。就半开玩笑地说："我看你对他好像有点意见？那你就别去了，你再把他的钱多花点儿。"

听了我说这话，他爸笑了，他妈也笑了，孩子也很不好意思地笑了。而且他能接住我这句话，说："就是，我就是要把他的钱多花一点！他总是这样，我现在这样子就是让他整天把我骂的。"

这就是在竞争中失败了的结果——失去了斗志和信心。实际上在一开始这个孩子在竞争中是有上进心的、想赢的，但是他一直没有被好好地给予肯定和赞赏，而是不断地被鞭策和挑剔，就像一个人被阉割了，被摁在那里不许志得意满地昂头挺胸，总是得不到一个酣畅淋漓的体验胜利的机会。

这里的"胜利"是什么呢？是一种优越的、超越的体验，这种体验来自现实生活，让他能从中学习的一个环境。同样他也需要来自和自己的父母相处中的打打闹闹、说说笑笑。

这个孩子和任何人一样，都想胜利，想优越，甚至愿望更强烈，他在竞争中是不想失败的，是想赢的。但是他在学习上老是得不到认可，而且老是被一个强大的爸爸压在那个地方给数落着，所以就变成了一种积压在内心的巨大的愤怒。而这种愤怒对于他来讲，又没有办法理直气壮地去反驳。所以他就变成了一种被动攻击的方式："我不给你学了！"同时这种攻击性的效果也会滞留在自己身上，所以他出现了很多躯体症状，头疼、睡不着觉等等。另一方面沉溺于游戏中，能让他在虚拟的状态里获得短暂胜利的快感，所以人总是会给自己找个乐子。

我跟他开玩笑说你就把你爸的钱多花点儿，爸爸也听出点儿味道来了，连连称是："我该给花，我都给花，我还建议出去旅游呢。"然后我就问："那你爸现在准备给你花钱，让你旅游去呢，这一点补偿够不够啊？"他笑了一下说："不是这一点钱能解决的，问题不是这儿。"然后我就再问爸爸："娃说不是这点钱能解决的，啥意思？你觉得这是啥意思？"

爸爸想了想说："就是说钱是小事儿，实际上我觉得可能还是我跟孩子说话的那种方式、那种口气有点不太合适。"

然后爸爸解释说："其实我就是一个高中老师，他就在我们学校上学，你看咱们当老师的孩子……"如此说了一通。哈哈，我就笑了，我说："理解理解，是这样的。你也不容易。"

竞争中的两个情景：第一个情景是胜利了，超越了，但是他内疚了；第二个是他败了，他没赢，他不甘心，他心里憋着那股劲儿，然后他就会被动攻击。当然这个被动攻击，跟他爸闹点儿别扭、花点儿钱，身体上出点儿症状，这其实还都算是小事儿。为什么说这是小事儿呢？因为这毕竟是现阶段一个比较明显的、轻微的症状性表现。可是这种情况如果持续下去，就可能在人格深处剥夺了那个孩子挑战的志气，竞争的勇气，那这就影响大了。

竞争中的"退行"与"固着"

在三角关系的竞争中，还会有一种情况，叫"退行"。在俄狄浦斯期出现了一个冲突而难以解决，人就会一直纠结在这个地方，没办法突破。突围不了会把一个人的内驱力，就是那股心劲儿憋在这儿，出现一个心理发展趋势向下返回流动的特点。这个返回流动的趋势就叫作"退行"。退行以后会停留在哪里呢？停留在俄狄浦斯期之前某一个内驱力相对满足比较好的心理发展阶段。

满足较好阶段的那个地方叫作"固着点"。内驱力在心理发展的俄狄浦斯期受阻以后倒流，退行至内驱力满足比较好的阶段"固着"下来。一般会退行到俄狄浦斯期之前的肛欲期，甚至口欲期。在具体表现上就出现强迫症状，或者是抑郁症状。

强迫症与俄狄浦斯三角冲突密不可分

心理发展的肛欲期特征是什么？肛欲期的一个心理主题特征就是"控制

与自主"，既要服从权威，接受控制，又想自己做主。这种斗争的配对就会形成"强迫症"的特征。

从症状学层面看，人格特点属于俄狄浦斯期的，神经症性的强迫在症状层面上是有"反强迫"的，就是当出现一个强迫的症状时，自己会觉得这样强迫不必要、不应该，又主动想反过来对抗自己的强迫症状，形成一个反向的强迫症状。有反强迫就意味着他的自我功能在努力地进行调节。

人格特征表现上带有前俄狄浦斯期特点的强迫症患者，在症状表现上出现反强迫的特点不明显，而是带有"偏执"色彩的强迫，也就是说他会觉得自己强迫得有道理，有必要，不主动对强迫症状进行矫正对抗。

这里我们先说完整的俄狄浦斯三角冲突导致的神经症性强迫症，神经症性的强迫有三个常见的典型防御方式：置换、反向形成和理智化。我们可以通过观察治疗中的移情来发现、置换这种机制。完整的俄狄浦斯三角冲突导致的强迫症往往都有"退行"的特点。

　　一个女孩，症状是反复不由自主地回想某些事情，例如反复检查水龙头、煤气灶等，是比较典型的强迫思维、强迫行为症状。同时有一定程度的心情低落、做事没兴趣等抑郁状态，学习和社交功能均受到影响，主动想做心理治疗。

　　而她的家长对来心理科有就诊顾虑，但是因为症状已经影响到女儿的学习，才勉强陪着她来做治疗。

　　治疗中出现了一个有趣的现象。她的治疗时间是安排在另外一个来访者的治疗之后。本来两个患者的治疗时间有十分钟的间隔，相互可以不相遇。有一次她来得稍微早了一点，就看到前面那个来访者离开治疗室。这在她心里引起一个反应：我还要不要进这个治疗室？然后她就在治疗室门口犹豫不决，进退两难：我进去还是出来，出来还是进去？

犹豫间看见治疗师开门了，她就这样犹犹豫豫迟疑着跟了进来。治疗师就跟她讨论这种现象："你刚才为什么站在门口犹犹豫豫地不进来呢？"她说："我以前来你这儿可高兴了。我每次来到这儿，就觉得你是最能理解我的人，我爸爸妈妈其实都没有你这么理解我。尤其是我妈，我爸还好一点。我在家跟我爸交流还好一点，跟我妈几乎总是说不到一块儿。我本来以为你是我唯一的知音，我也是你唯一的病人。可是我突然发现你还有其他的病人。你原来对我这么好，我以为你只对我一个人这么好，我也是你唯一喜欢的病人。怎么还有其他的病人呢？"

"你还有其他的病人"这种现象引起了她内心很强烈的波动，激活了她内心跟另一个患者的竞争感。

这种竞争感再一次激活了她强迫症状的重复出现。治疗师就把这种表现与她的家庭关系里与父母的关系模式做了一个联结思考，发现这其中有相似的规律。她在家里跟父母的关系变得困难并出现强迫症状的时候，是在她大概十到十一岁时。这个时候弟弟出生了，从表面现象上看，她跟弟弟关系很好，她很喜欢、很照顾弟弟。但实际上她的这种症状却是在弟弟出生后不久出现的。弟弟出生是症状出现的一个契机，这一点很重要，这是因为她在家庭内部遭遇了一种竞争关系。

我们继续深入探讨后发现，她小的时候对爸爸特别崇拜、特别喜欢、特别留恋。可不巧的是，她妈妈是一个非常要强的人，脾气不好，很容易暴躁，对孩子没有耐心。这就导致她跟妈妈之间一直存在着对立和冲突。

当这种与妈妈的对立和冲突还没有很好地化解时，弟弟出生了，又多了一个竞争者。这两种竞争叠加，让她感到在家庭里越来越不受待见。当然这个"不受待见"是她感觉到的，并不是说父母就真的不待见她。

我们梳理一下这其中的一个差异，就是其实父母有时候对孩子是非常用心的，但是孩子有时候就是不领情，这导致了症状的出现。因为在治疗的初始阶段她与治疗师发展出良好的关系，症状也明显缓解了，这是她在两个人的二元关系中相处比较自如的一种体验。突然间却因为另一个患者的出现，发生了一个面临三角关系的情景，又再次激发了她内心的这种竞争的冲突，使她的症状再次复发。

这次症状的复发是一个很好的契机，治疗中可以抓住这个机会跟病人讨论，对她内心在遭遇三角关系时的模式进行梳理和重新体验，梳理后就会发现这个心结修通了。"修通"的意思，就是这个强迫症的"置换"机制变得比较清晰了，来访者因此产生领悟。第一层是在"治疗中的竞争"——她和另外一个来访者之间的竞争关系；第二层是跟弟弟的竞争，弟弟出生后感受到的威胁；第三层，最深的，也是最原始的客体关系，是母女间的竞争，是发生在跟爸爸妈妈三个人的三角关系中的俄狄浦斯竞争。

提升处理三角冲突的能力，才能真正走出困境

有两点是我们在感受、思考、体会一个人内心的俄狄浦斯冲突时需要注意且重点强调的。

第一，是一种思路：我们在看待一个人在现实关系的具体事情冲突时，要同时体会在其内心的想象层面上这些人物形象之间的关系冲突。

第二，是一种态度：这种态度就是我们在看待这些内在的关系冲突模式时，要保持中立。不要轻易地跟人站队，用对错来评价。

在关系冲突中的情绪变化体现出一个人驾驭这种关系冲突的能力，反映的是一个人的心智能力水平。这就提示我们，在咨询过程中，需要去帮助这个人提升其处理内在关系冲突的能力，这些能力包括面对的能力、认识的能力、包容的能力、领悟的能力、接受的能力。只有提升了这一系列的能力才能产生治疗的效果，而不仅仅是去做心理解剖。仅仅用语言的刀子把它划开，告诉他他的内心里是什么，对于治疗改变来说没有用，这样做有时候甚至是有百害而无一利的。

所以作为心理治疗师或者咨询师要注意，你一边要帮助来访者体会到内心的关系结构，一边还要陪伴他去逐渐发展一种整合、驾驭冲突的能力。这也是在任何治疗中的一种基本思路和态度。

而作为一个普通人，甚至作为一个正在被俄狄浦斯三角冲突深深困扰的人，我们又该怎么做呢？借助于对俄狄浦斯三角关系理论的解读，重新体会和理解自己的内在心理模式，并主动做出积极地调整，而不是盲目地沉浸在自己的模式里，与人缠斗，其实都是在与自己内心的幻想在斗。

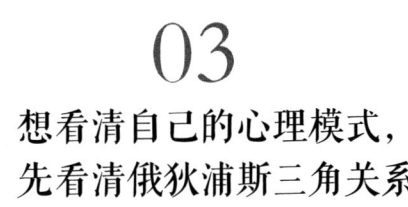

03
想看清自己的心理模式，
先看清俄狄浦斯三角关系

前面我们举了诸多不同的例子，是为了让大家对俄狄浦斯三角关系有感性的认识。在每个普通人内心的人际关系中，这样一种内在的关系模型一直都以三角形不可避免地存在着。

其中，三个顶点是：孩子、爸爸和妈妈。三条边是：这三个人之间的联系模式。

我们讲俄狄浦斯三角时，大多数情况下是以孩子作为主体来讲的。我们需要思考的是：在孩子的内心世界里，他与父亲、母亲，以及父母之间的关系是如何建构的？这个关系的建构又是如何动态变化的？

站在孩子的角度，跟他有关系的就是父子／父女，或者母子／母女。而事实上，一方面，父母可以单独和孩子建立一线关系，另一方面，父母之间也是有一线关系的。正是因为父母这一线关系的存在，才构成了一个家庭的三角形，才对孩子内心的三角关系产生影响。父母这条边在关系上是有联结的，并且在孩子内心能够认可父母之间保有的良好链接，意识到自己面临的不是两个单边关系而是一个三角关系，孩子才有机会和希望学习处理从二元关系进阶到三元关系的更高层面的成长。反之，如果孩子未曾意识到，或者不承认父母之间有关系，那么他的能力就只限于处理二元关系，甚而停留在此，形成固着，难以进步。所以，我们要把完整的三角关系和不完整的三角关系区别开来梳理。

完整的三角关系意味着心理发展进入俄狄浦斯期，孩子面临的是三个人的关系。这个阶段的冲突叫作俄狄浦斯情结（Oedipus complex）。不完整的三角关系，意味着爸爸和妈妈之间的关系是断裂的，孩子只是处理单独和妈妈或者单独和爸爸这样的二元关系。这是一个貌似有三角形，但又是不完整的三角关系。这种状态被命名为俄狄浦斯情景（Oedipus situation）。

完整的俄狄浦斯三角关系：俄狄浦斯情结

首先，我们从个案切入，然后再分别从母子、父女、母女、父子这几条边来具体讲解完整的俄狄浦斯三角关系，以便大家有直观的认识。

"一路顺风"引起的俄狄浦斯三角冲突

一位四十多岁的男士，现实生活中是事业非常成功的高管，他的症状是反复发作的抑郁，伴有强迫性思维。他在四五年间一直寻求各种方式的治疗，包括药物治疗和心理咨询，但总是时好时坏，因此也没有完全坚持。

后来一个偶然的机会，他听人介绍说西安有个张大夫，然后他就来了。他的情况是典型的强迫思维，伴有抑郁的情绪：他近来对工作没有太大的热情，身体很疲乏，容易不高兴，睡眠质量差，没有以前那么爱热闹、爱交朋友，兴趣明显下降，觉得生活质量不如以前好。

对于他这样日理万机的一个人而言，情绪抑郁肯定会导致工作效率受到很大的影响。所以他很焦急，急于把这个问题解决。

他自己以前也做过一些心理咨询，知道医生做心理治疗的程序，所以比较容易沟通，我们之间的交流也变得比较有效率。大概来过十多次以后，症状层面的表现明显见好，他的态度也变得更积极了，交流的兴趣也浓了，说起话来也开朗了。他问了这么一句话："张大夫，我觉得很有意思，你好像也没有太多地指导什么，总是听的时候多，也不像有些大夫给很多的解释。你有时候只是提提话头，做一点询问，都是我在说话，怎么我就好了呢？"

我说："我觉得你个明白人，稍微一提，你自己就会哗啦哗啦地讲。"他说："但是你怎么就没有问我这个病的起因呢？"我说："你没见我好几次都想问，但是感觉到你好像把话题岔开了，你好像不接我那个话茬，所以我也就没有勉强地去问。那你今天说这话的意思就是说是有原因的，那你跟我说说，让我把心里的疑惑也解一解。"

他说："这件事儿不是我不想说，就是我觉得说起来有点不好意思，有点丢人。所以我那会儿没跟你讲。但是最近我想了想，其实这件事儿也不是特别丢人。我觉得我对这件事情的看法有点变了，所以我现在跟你讲。

"我跟老大（称董事长为老大）两人之间的关系很好。当初相识的时候，是我刚从国外拿了博士学位，那个时候意气风发、豪情满怀的。很巧的是经人介绍遇到了现在这个老大，他年纪比我大十多岁，像大哥一样。这个人也很有能力，人脉上又很广，资源、资金也都比较充足，我们两个一见如故、英雄相惜，于是联手开始做事业。

"这十多年下来，我们现在的事业做得确实还算可以，企业也挺大的。但是在这个过程中，我们两人的关系特别有意思。两人每次见面好像那种感觉特别一致，都很认真，都很坦诚。我们俩在一块儿工作的时候从来不说笑，都认认真真地沉浸在工作中，在一块儿分享怎么处理事情。发愁的时候多，讨论怎么解决问题的时候多，嘻嘻哈哈的时候几乎没有过。"

我说："那你们俩看来都是做事儿非常严谨、认真的人。"他说："是啊，但是我们跟别人相处就好像不一定是这样。"

他接着说："其实我跟他之间在工作上还是有很多不一样的想法，这很多不一样的想法经常会导致我心里其实不是很痛快。比如说最近有件事情就做得效果不太好，就是因为两年前我们在为这件事论证决策的时候，我就不看好它。可是我们老大就认准了，非要这样做，最后这件事儿就这么定下来了。可是这件事情在运行的过程中一直是我在操作，非常的辛苦、艰难，到如今眼看这件事儿就要失败。这次应该算是我们公司不小的一次挫折，所以有时我心里想起这种窝心的事情时就有一种想法：还不如没有他在这儿掺和，我要是一个人干，这事儿说不定干得比现在还好呢。

"几年前我有过一次非常奇怪的经历。那次是老大要去欧洲考察，大概要走一个多月，他走之前跟我交代了一下工作。我就说：'行，大哥你就放心地去吧，家里头有我呢，你一路顺风。'

"结果'一路顺风'这句话出口以后，我心里就感觉到不对，这话说错了。因为飞机逆风起降比较安全，顺风则会增加不安全因素。

"这个口误让我觉察到自己心里深处的那种不恭敬，觉得这太荒谬、太可怕、太丢人、太不厚道了。所以我就很紧张、很难受。我告诫自己，意识层面就说'不能这样说，不能这么说，怎么能说这样的话呢？'我越是想不能说、不应该这样说，这个'顺风、顺风'的想法就老往外蹦，把人憋得难受，还不敢对别人说。从那时候开始，就出现强迫性思维，最后出现了抑郁的情绪，反反复复地治疗。"

他能讲出这个故事，说明他心里已经开始对这件事儿释怀了。我从他开始讲的很多事情，其实慢慢地已经理解到，这是他内心的一个三角关系冲突的模型。这个三角形就是他、老大、工作，工作就犹如一个母亲，老大比他年长，理所当然是一个父亲、是掌控者。那他就相当于一个儿子，所以在他跟老大的工作关系中，出现反反复复的纠葛或不和的时候，他就心生让老大赶紧滚蛋的念头，留下我与这个工作，我们俩过日子，不挺好吗？

这就能够看到一个人内心的俄狄浦斯冲突模型。他青少年时期的成长过程，与此有非常类似的一个情节。他的父母都是老牌的大学生，两个人都非常能干，是一个典型的男主外、女主内的家庭。

妈妈是里里外外一把手，爸爸经常在外边风风火火地做事。那时候在他的记忆中爸爸经常不在家，家里就是妈妈来照顾他。他自己也很聪明、懂事。印象中爸爸一不在家，他就很惦记，希望他早点回来。爸爸每次回来都会给他带好多好吃的、好玩的。但是很有意思的是，爸爸回来，住一两天他还有新鲜劲儿、高兴劲儿，住三五天，他就好像莫名其妙地有一种这屋里多了一个人的感觉，希望爸爸早点出差离开这个家。毕竟这个家庭还是比较和谐的，所以这种感觉只是一闪而过。一眨眼到了初中、高中，上了大学，他就离家远行了。这件事好像就此过去了。没想到潜藏的俄狄浦斯冲突的心理模式，在他三四十岁的时候再次呈现出来，呈现在工作中的人际关系里。

在这个现象里有一个象征性的三角关系，就是他、领导、事业三者之间的关系，领导象征父亲，事业犹如母亲，他和领导都想逞能、共同竞争那个事业。

俄狄浦斯三角冲突潜藏在每个人的心理世界中。类似这位先生的情况在日常生活中并不少见，潜藏的俄狄浦斯冲突心理模式会不知不觉地在一个人的潜意识中运作，并会莫名其妙地支配着个人的行为处事方式，而且会重复出现。一个人在工作中对待上级的态度，往往与他在潜意识中对待父亲的模式相似，所以即便是换了单位，与领导相处的模式总是一样的。这就是俗话常说的"在一块石头上都绊倒了八次，还不长记性"，难道你真是没长记性吗？其实是因为没有了解自己的潜意识心理模式。

母子关系：吞噬恐惧和深情节制

男孩女孩都需要处理好两件事：第一，要处理三角形的冲突；第二，要完成一个人心理上的性别身份认同的发展，也就是说，一个人在心理上的性别身份在经历了俄狄浦斯情结以后就会被确认下来。以男孩为例讲个故事。

三十多年前，我刚刚毕业来到部队，那时我才二十岁出头。当时条件比较艰苦，营以下级别的干部即便结了婚有了孩子，也还都是两地分居。媳妇带着孩子在家，我们在部队住集体宿舍。每逢暑假，嫂子们带着孩子来部队探亲就成了我们的节日。我们常常拿探亲的嫂子、孩子开玩笑取乐，朴素粗糙。下午下班后，热浪袭人，一大帮子人就在院子的树下乘凉、抽烟、吹牛、聊天。这时，看见一个三岁的小男孩跑出来了。我们叫他："你是个小英雄吗？那你让我们看看你有多英雄。"孩子不服气，说："我当然是小英雄了。""那你敢不敢到院子里那个水坑里玩？"有人起哄小孩子踩水，围观的一伙人给他喝彩。然后就又有人使坏，继续跟孩子说："看你们家有个好东西在你妈怀里藏着呢，只有你不知道。只有你爸能吃，你出来人家这会儿正偷着吃呢。"那小孩子眨巴着眼睛若有所思。正在这时，那个哥儿们两口子出来了，孩子扑上去在他妈妈身上又抓又摸的。嫂子一下子就明白了，都是这些坏蛋叔叔不教好。她生气地要来追打，我们大伙儿一哄而散，留下满院笑声，一晚上都安静不了。

当小孩子三岁左右刚进入俄狄浦斯期，你开这个玩笑小孩子会上当，因为这刚好拨动了他心里的那根俄狄浦斯的恋母冲动的弦。再过几年到七八岁，这孩子再来部队你还开这样的玩笑就不行了。再开这个玩笑，他从地上捡个棍子就撺上来打人。因为他知道这样很羞耻，认为你是在戏弄他，你就是个坏叔叔。你说的这些不对劲，这样不行。当年他年龄小，他内心的欲望、需要、期待要直接地、赤裸裸地得到满足。但是这个满足对于孩子来讲，他隐约地知道是不合适的，他心里是不安的。比如他非要睡在爸妈中间，就是不愿意让你们两个挨着睡觉。甚至在爸爸出差的时候，兴高采烈地和妈妈睡大床。这对于一个逐渐长大的男孩就能那么心安理得吗？当然不是，其实他需要克制自己乱伦的欲望，这会带来一种阉割的恐惧，他需要克服自己跟母亲融为一体被吞噬掉的恐惧感，转化而发展成深深的情感。这种情感不是像当初那样内驱力赤裸裸地、直白地得到满足，而是把它升华为一种深深的情感。

父女关系：伤害恐惧和深情节制

对女孩来讲也是这样的。俄狄浦斯初始阶段的女孩会高兴地在爸爸身上爬上爬下，满头大汗，还表示要跟爸爸结婚。长大到七八岁时就感觉不好意思了，就会变成对父亲深深的情感和有节制的亲近。节制就是不让自己以赤裸裸的、乱伦的方式接近父亲。对女孩来讲接近父亲还有一层意思是，幻想父亲阴茎的侵入，会有一种遭受伤害的恐惧感。这些恐惧和焦虑，都是可以经过自我功能的成长而逐渐克服的。自我的功能就是让我们延迟满足和有条件的满足。随着自我功能的提升，这些原始的欲望就会变成一种深深的情感。所以说女孩是爸爸的小棉袄。

以前人们传统的心理模式是：娶妻生子，传宗接代，认为娶媳妇生儿子是大喜事。可是现在越来越多的人体会到女孩子心思细腻，在对年迈父母的生活照料、情感表达方面比男孩用心、到位，所以家有女儿，老年生活会越来越幸福。这也是社会文化变迁的结果。

我的门诊有一天来了一位七十多岁的老先生，是位大学退休教授。明显抑郁，吃药没效果。我就多问了问，发现他有一个创伤性事件，就是他的老伴一年半之前去世了，开始半年还可以，后来越来越抑郁，显然跟老伴去世有关。我继续了解他的生活照料情况，想看看他的心理社会支持系统怎么样。他说有三个孩子都在本地，与他生活在一个城市里。我接下来问了一句话，没料到把老先生给惹怒了："您三个孩子是儿子还是女儿？"这话一出口我也觉得不妥，果然老先生突然一拍桌子大吼一声："我有女儿我还能是现在这样吗！"我也一愣。我赶紧表示理解，我家也是个儿子，您这样说让我也对以后担心了，表达一下共情，缓解老人家的情绪。我猜想如果老人家有个女儿就没有现在这么孤独了。

女儿对爸爸感情更深，距离更近，关心照料会尽心到位。儿子嘛，往往从小到大喊得最多的是"妈，我书包呢""妈，我鞋子呢""妈，我袜子呢"。好不容易喊了一声爸："爸，我妈呢？"

"弑父""嫉母"以及和解

女孩进入俄狄浦斯期之后，一开始与母亲之间也会产生羡慕嫉妒恨的情感。随着强烈的、对父亲的需要欲望的提升，激发起更强烈的与母亲的对立冲突。与此同时，女孩还要处理对妈妈的背叛的内疚感。因为在此之前，不管女孩男孩都是与妈妈共生、融为一体的，是妈妈一手把她／他拉扯大的，孩子的内心关系是一种二元联结模式。但是现在进入到了三角关系，她要与妈妈竞争，对妈妈产生排斥，甚至有敌意，这对女孩来讲有一种背叛妈妈的内疚感。这部分内容后面会有专门的章节展开叙述。

女孩子最终也要通过对母亲的认同，达成和解来处理俄狄浦斯冲突。她会学着像妈妈一样做一个女人。

生活中有一些比较有经验、比较智慧的老人，他们常常会告诫年轻人："小伙子，找对象的时候，你要注意看丈母娘是个什么样的人。如果女孩儿的妈妈是个通情达理的人，这媳妇以后准没错；如果妈妈不讲理、爱胡搅蛮缠，那你以后有苦头吃。"

有个朋友给我讲了一件事情，使我们俩都很感慨。他说："我父亲有一位老战友，最近托付了我一件事情。他们家在外地，孙子找了个女朋友，是咱们这儿的。老人家专门打电话来让我帮他去办一件重要的事情，就是去女孩家里看一下，跟对方父母吃吃饭，住一天，再回来。等我回来后他要问我一些情况。"

"我以为老人家看不上孙子找的这个对象。老人家说不是，他没有很深的地位和门户方面的成见。他说：'孙子说女孩不错，我想了解了解女孩的父母是什么样的人，也好给我孙子尽尽做长辈的责任和义务，能给出孙子一些有价值的意见。'"

听到这里，朋友再次和我一起感慨，这就是老人家的生活智慧，善于用自己的一双慧眼去看人格发展和代际之间的传承与认同的心理影响。这虽然不是绝对精准，但确实也存在一定的道理。

父子关系，是俄狄浦斯三角关系中最具有典型性的一边，下一章我会详细解读。在本章先进行简要的介绍。

仍旧以上文提到的那位七十多岁的老先生为例。为什么老先生一说起儿子会有这么大的脾气？一定是因为他心里不舒服，可能是感觉自己被忽略了，也可能是觉得父子关系不够亲密……这些感受都是与父子之间容易冲突的特点有关。

父子之间，一开始，男孩子会因为自己也长了鸡鸡而获得与父亲一样的认同感，并以有一个强大的父亲而自豪，觉得自己是安全的、受保护的，也会羡慕父亲的强大，希望自己会像父亲一样的雄壮。而俄狄浦斯期内驱力的投注，使男孩对妈妈有更深、更多的情感要求，逐渐就开始出现了与父亲竞争的愿望，排斥父亲。这种内驱力如果以相对柔和的方式表达，可能是羡慕、嫉妒；如果以比较暴力和冲突的方式表达，将会是敌意和仇恨。

如果孩子在发展过程中慢慢地跟父亲达成了和解，甚至认同父亲，他将把父亲作为榜样，学习如何成为一个男人，继承、传承父亲的性格、特点、思想，甚至职业。

不完整的俄狄浦斯三角关系：俄狄浦斯情景

不完整的三角关系，也就是俄狄浦斯情景，对于每个人一生的关系模式，甚至是终生幸福都是影响巨大的，尤其在象征性的三角关系中。

不同于弗洛伊德对成年神经症患者的治疗和研究，客体关系学派的精神分析学家克莱因（Klein）对儿童做了大量精神分析研究和观察。

克莱因将俄狄浦斯期推前至一岁。她认为婴儿的焦虑主要来自于被消灭的几近崩溃的威胁，因此婴儿企图借由分裂及投射，重新组织这些经验。婴儿将不好的经验分裂掉，并将之投射到一个外在的客体，这个被投射的客体被认为具有迫害性及危险性，会威胁到好的经验。为了保护好的经验，婴儿把好的经验投射到另一个客体上，而将该客体理想化。

克莱因将此情况称为俄狄浦斯情景（Oedipus situation），而非俄狄浦斯情结（Oedipus complex）。这种前俄狄浦斯期（一岁半到三岁）的关系特点，不同于俄狄浦斯期（三到六岁）完整的三角关系。也就是说在儿童的内心世界里仍有一个三角关系雏形的存在，可是在他内心体验到的这两个部分的客体之间的联系是断裂的。

克莱因学派在儿童临床治疗中所建构的儿童发展心理的两个位态：偏执—分裂位态（paranoid-schizoid position，PSP）和抑郁位态（depressive position，DP），这是一前一后的两个心理发展阶段。俄狄浦斯发展阶段，孩子的内心状态就会从偏执—分裂位态逐渐发展成熟，到达抑郁位态。在抑郁位态中，小孩子就有能力看到好与坏都来自于同一个对象，从而会感到罪疚和沮丧。

"背黑锅"的外婆

在一次对治疗师小组的督导课上，被督导者提供了一个不完整的三角关系人格特点的案例，借此我展开讲解了在不完整的三角关系中，孩子是如何通过分裂机制将自己内在对妈妈的愤怒投射给奶奶、爷爷、爸爸或者其他的照料者。

晚上刚到家，一位女治疗师就给我留言说：她的孩子两岁了，一直都是外婆在家照看。经常她下班一进门，孩子就扑到她怀里嚷嚷，要把外婆扔进垃圾桶。平日里，她要么生气地批评，要么一笑推开，而今天学习了俄狄浦斯三角关系的原理，她瞬间明白孩子是因为整天见不到她，怨怪她，又怕表达出来就是攻击妈妈，进而失去妈妈。所以孩子本能地把这种怨怪投射给了日常照料自己的外婆。故而，这位学员立刻给孩子共情说："妈妈了解宝贝有多么想念妈妈。"并给予了"以后一定要多陪陪宝贝"的郑重承诺。这就是了解俄狄浦斯情结和学会三角关系具体操作的重要意义所在。

担心办公室水中有毒的博士

Z先生，建筑工程学博士，因为抑郁强迫状态和轻微的迫害妄想来就诊。

他发病的表现是在单位上班的时候，总莫名地担心办公室的水中会有些什么对身体有害的东西，所以很紧张，不敢喝杯子里的水。明知道自己的担心没有什么道理，但是却总不能让自己放心、轻松的工作和生活。近半年来情绪经常很低落，容易心烦，无法集中注意力于工作，心事重重又不愿意跟周围的同事说，只好暂时休假。休息一个多月仍不见缓解，单位领导请家人督促陪同Z先生前来就诊。

Z先生一开始并不情愿配合治疗，他还在犹豫自己是否有病，是否需要服药。经过治疗师的认真解释，他才勉强同意服药并安排心理治疗。

治疗中他慢慢地谈到了自己发病的原因，是因为人际关系紧张造成的，尤其感觉到自己处理不好跟领导的关系。他是公司里最年轻的建筑工程学博士，专业的能力是一流的，虽然来公司只有一年多，但是公司所有的重大任务基本上都是以他为主力来完成的，有些是直接由他操作的，有些是在他的技术指导下做的。公司拿到重要的任务进行方案讨论时，他会觉得他们设计室的主任人很糟糕，思路总是不清晰，还爱以领导的身份来指手画脚。"有时候我发表了意见之后，他好像总是不服气，总想对我的方案作些批评，但是最后又不得不按我的意见办。"

"作为领导，我觉得他哪儿都不如我，对他瞧不上眼。我坚持自己的正确意见时觉得他好像在背后给我穿小鞋，还有意培植自己的学生。分工时一般都是让我做最难的事情，当我把大图画好之后，他就让其他人把活接过去，完成后面的细节内容。"

治疗师："你觉得主任为什么会这样安排工作呢？"

Z先生："他就是让他们来分我的奖金，在图上签字，领成绩。因为我们部门的那些人都是他一手带出来的徒弟。"

治疗师："照你说的这样，主任这人好像不怎么样啊，业务不行，人品也不好，比你差远了。那你有没有想过取而代之呢？你来当主任，让他下台？"

Z先生："总部领导曾经找我谈话，让我来当这个设计室的主任。我没有接受。"

治疗师："为什么没有接受，这不是很好的机会吗？"

Z先生："我恐怕别人说我有野心，不厚道。他们这些人都是一伙儿的，我当主任他们不服气了，跟我闹的话，我不知道怎么办。"

看来Z先生把周围的人都看成了敌人。随后，治疗师又了解到，他这种处理人际关系冲突的方式，在中学时就曾经出现过。当年他从小学到高中一直就是学霸，在他看来第一名非他莫属，没别人什么事。高中的时候，班上转学来一个男同学，也是个学霸，成绩与他不相上下，经常你追我赶。他感到很不舒服，心想怎么还会有人能跟我争第一？

"后来这个问题我自己解决了，有一天我突然想通了一件事，原来我们班主任是那个同学的妗子，所以他比较受照顾，他成绩好也是因为老师偏心，会在考试的时候故意给我较低的分数。所以他的成绩有水分，我根本不必在意他的实力。"

治疗师："老师是同学的妗子这事儿是你想象的呢，还是有人告诉你的？"

Z先生："没有人告诉我，是我自己这么想的。"

通过治疗的进展，他逐渐意识到，高中时，在一开始他其实觉得老师对他也是很器重、很关心的，当时自己其实很喜欢这个老师，心中总想跟老师更亲近一点，希望得到她的认可，因为害怕被她拒绝而幻想会出现很糟糕的局面。后来看到她对另外的同学也很好，心中对老师的态度立刻出现了一个大转弯，认为她对自己根本就不好，甚至会为了别的同学而在学习成绩上贬低自己。

现在对待领导也是因为自己原来内心是觉得他能力水平太差，占着领导位置简直就是个极大的浪费。心中闪过取而代之的念头，因为害怕这个念头会被人知道后说自己为人太不厚道，会打击报复自己，因而不断的担心、紧张。最后把这种对别人的敌意投射到外，认为是别人对自己有不轨之想，觉得环境中有莫名的有害物质影响自己的身体健康，其实是担心别人陷害自己的投射的泛化。

Z 先生的这种状态就是典型的俄狄浦斯情景的表现，他的内心处于一种偏执样分裂状态，在人际感情的体验上是在两个极端变化的，对一个客体的情感体验是分裂的，产生被竞争对象迫害的幻想。

经过一段时间的药物和心理治疗之后，有一天他对治疗师说："我昨天突然想通了一件事，其实是我心里面总是对别人有敌意，总想超过别人，比别人强。所以总担心别人也像我心里想的一样对待我。"听到这话，治疗师松了一口气，看来他终于看到了自己投射的心理防御方式，并能够理解自己行为的心理意义。这说明他的心理功能提高了一个层次，从不成熟的防御水平到了神经症的水平。

04

父亲的心理功能
是孩子成长的基石

　　我们都是生命链条上的一环：向上望，有父母；往下看，有儿女。我们既是人之儿女，又为人之父母。当儿女时你是受到父母的照顾，做了父母的你又得照料子女。这其中的转变有时候是欣喜的，有时候又是陌生的、茫然的、慌乱的，甚至烦恼的。

　　所以做父母是一种角色，也是一种职能，做得好了，你家族的生命链条在你这一环就是熠熠发光的、结实又美丽的。

　　似乎没有专门的学校开设课程来教人怎么做父母，但是做人的道理和行为的模范又无处不在。其中上一代的父母就是下一代人做父母的榜样，这就是传承。人会潜移默化中从父母、叔叔、舅舅、老师、师傅如何对待下一代中学习。但是这并不意味着你仅仅接受了他们的培训。每一代人都会在模仿父母的同时增进自己对于父母角色的理解和能力。

父亲的 N 多功能

每个人内心的父子关系模式、冲突是怎样的，在内心深处如何处理父子关系，各不相同。我们先从心理上的角色功能角度来聊一聊父亲这个角色的 N 多功能。

父亲是一座山：靠山

父亲是养家糊口的人，是狩猎耕作的人，是保家护院使其免遭侵犯的人。从这个意义上说，在孩子出生的时候，父亲也是个好妈妈。爸爸和妈妈执行了一样的心理抚慰和生理养育功能，就是提供保护、照料、养育，只是他们两人的分工不同。

总体而言，孩子小的时候，父亲就是靠山。这一点上，平常人几乎都做得到、想得开、舍得出。但也有吝啬的、自私的父亲，还有把娃当成自己成果、作品的父亲。这样的父亲其实是忘了孩子是一个独立的人，他依靠你长大，但他并不属于你。所以你也不必因为他没让你满意而伤神、生气，更不必为了自己的愿望而随心所欲地使用他。

人们常说"虎毒不食子"。其实人比老虎要复杂得多，这个说法若不是因为无奈而一声叹息，就是个人想把遭遇了虎狼般的爸爸的内心痛苦和危险感受给予合理化的修饰。

父亲是个大灰狼：一个"吃娃的怪兽"

孩子稍稍长大一点后，就会发展人际之间的关系，这种关系一方面是现实的关系，另一方面是内心的情感关系，爱、恨、情、仇逐渐产生。

在童话故事中，常常有大灰狼的故事、狼外婆的故事。这些故事在一定程度上是帮助孩子表达内心恐惧与敌意的一种象征性的手法。

有时候我们会看到某种情景，例如当一个孩子哭的时候，会依偎在妈妈的怀里一个劲地拱。这时候如果有外人呼唤一声，他会抬头惊恐地看一眼，接着埋下头，哭得更厉害了。因为每个幼小的孩子内心都会体验到挫折、危险、失望的痛苦。而这些感受需要有所觉察、表达，并化解。有时候这种挫折和失望是来自于对妈妈的感受。当来自于妈妈的失望令他难以接受的时候，他就会将这种不爽和愤怒的情绪倾泻给另一个跟妈妈相似的人，这个人可以是"狼外婆"，也可以是"狼爸爸"。孩子在内心恐惧的时候，可以把某个危险的他人想象成吃小孩的妖怪。

比如前文提到的，妈妈上课回家，两岁的儿子拿扫帚打外婆，"打大灰狼"。这是一个令人尴尬的场面，面对这个"小白眼狼"，考验的是家庭内大人的心理成熟度。在一到三岁这个阶段，外婆、爸爸等人都是替妈妈背黑锅的人，你对他做多少好事都落不了好，比不过"妈妈的好"，因为孩子对"纯粹的好妈妈"的需要太重要了。所以俗话常说，"外孙是狗，吃了就走"。

当爸爸的，当爷爷奶奶、姥姥姥爷的人需要承接这样的攻击性，并宽容、稳定地对待他，让孩子在内心有一个与攻击性、恐惧感和解的空间和机会。

有时候，爸爸也有可能会觉得自己委屈，甚至恼羞成怒，那一定是自己还没有脱离孩子气，还没有学会当一个宽容、接纳的爸爸，还在跟孩子斗气。

养育一个心理特征上属于不安全型依恋的孩子对父母的耐心是极大的考验，唯有耐心、关爱、体贴，才能消除孩子的恐惧感。当孩子内心安全了，情绪就会平稳。如果在孩子小时候你没有耐心，造成的麻烦在后来"补课"时需要花费的代价会更大。

父亲是大英雄：一位贵人

有一位老朋友给我讲了他孙子的故事，这是两个小家伙吵架的情景：

甲："你敢欺负我，我回家叫我爸来。"

乙："我不怕你，我也找我爸来。"

甲："我还有叔叔一起来！"

乙："我爸还有战友也一起来！"

……

眼看着这一场纠纷慢慢地闹大了，一副打群架、闹大仗的架势。这就是孩子内心的情景，我有一个强大的爸爸做后盾。当然了，现实中如果爸爸们来了一般是不会真的打起群架来的。若果真为了孩子吵架能打起来，说明爸爸也是孩子气未脱。

孩子内心希望自己有力量、强大、能干，当这些愿望无法自己实现的时候，自然就会期待、想象有一个强大的、能够支持和帮助自己的强人做后盾，当靠山。这个强人在他的想象中是无所不能的巨人，是可以庇荫自己的大树，是能让自己不受伤害的金钟罩。

父亲就是孩子想象中的这个强人，是相助孩子人生的贵人。有时候并不在于父亲真的做了什么，而在于有父亲这么一个人物形象的存在，就足以让孩子心有雄兵百万了：因为我有了困难他会伸手相助，我惹了祸端他会替我收拾残局。

但这毕竟是孩子阶段性的需要。如果当一个孩子都长大成人了，还是这样凡事指望着父母替自己打扫摊子、擦屁股的话，这可能意味着父母做得太过了，使得这个孩子一直停滞在玩尿泥的心理阶段。

父亲是个好榜样：文化的缔造者、传承者

男人是男孩变的，男孩变男人是需要有人做榜样的。

父亲可以是生身之父，也可以是精神之父、心理之父。

中国人常说的"一日为师，终身为父"就是一种对精神父亲的敬重、一种对心理父亲的认同。

人这一生中，关键时期的领路人很重要。从这个榜样身上潜移默化地学来的东西在你以后会终身受用。如果一个人在成长中缺乏这种认同，就容易陷入一种自我身份认同的迷茫。

孩子从父亲的形象中可以学到什么？

学着登高望远、抒发胸臆、豪情壮志。

学着勇于担当、敢于负责。

学着积极进取、自强不息。

学着关怀他人、珍惜友谊。

学着向敌人进攻、与对手竞争。

学着做出妥协、适当忍让。

学着疗愈伤痛、重新站立。

东西方的主流文化都体现出一种父权为上的特征。于是在文化的缔造过程中不知不觉间会运用父权心理及其思维特征。文化传统的形成也在有意无意地创造这样一种心理模式。

一个人对待文化传统的态度，很可能与潜意识心理上对待父亲的态度，与父亲相处的方式差不多。当一个人认同了某种文化，就可能会因之而心生自豪，并自觉地卫道弘扬。一旦对这种文化的认同发生危机时，则可能会对其口诛笔伐，欲灭而后快。

父亲是个严老师：一个批评者、一个酷教练

父亲是一个具有社会人际功能的角色。作为成人，他需要具备一种在社会关系中自我节制的心理功能，这成为一个人为人处事的准则，也就是超我功能。在孩子成长中，父亲需要将这些为人处事的规矩传递给孩子。

因为规矩是约束人由着性子任意作为的，所以面对规矩的制定者，执行者就意味着拒绝，意味着悖逆，意味着挫折，意味着不能随心所欲。

父亲为了让孩子学会规矩、内化规矩，自己就得遵守规矩、坚持规矩、强调规矩，按规矩来约束和要求自己。这时候父亲俨然一个老师、批评者、指导者。"没有规矩不成方圆"，说一个人没规矩，是说这个人的个人修养不够，节制自我私欲的能力差。说一个人"没家教"，是一句很重的责备，意味着说这个人的父亲不称职；如果被人说是"羞先人"呢，那可是连祖宗的脸都给丢尽了。

父亲是个好玩伴：一个下棋、掰腕的竞争对手

孩子慢慢长大，就有了要显示自己能力、权利、拥有的需要。这时候他需要有一个确立所属的心理过程。父亲形象的出现，意味着妈妈不是自己可以独自拥有的一个人，他需要与另一个人分享、竞争。

在孩子的心目中，当父亲以一个性别角色出现的时候，与此同时也意味着孩子在心理上的自我性别角色的唤醒。孩子在心理上确认自己是男是女的同时，也要处理与另外的男人、女人之间的关系。

对于男孩来说，他希望拥有母亲就意味着跟父亲竞争，那么这时候父亲是声色俱厉地吓唬他，使之落荒而逃呢？或者是自己主动放弃抵抗，乖乖缴枪投降，让孩子不战而胜呢？这都可能意味着是对孩子为人处事的一种历练。

比较好的策略是爸爸能够承认孩子的竞争需要，并能包容孩子竞争的表

达，但不做无原则的退让。陪着他玩、下跳棋、掰腕子，让他在规则中体验获胜的喜悦，承受失败的痛苦。让他知道做人有规则，做事有对错之分。父亲虽然爱他，但情是情、理是理。

对于女孩来说呢，父亲是她生命中最重要的第一个男人，有着天然就有的吸引力。"女儿是爸爸的小棉袄。"父亲饱含深情的爱中，也需要保持清晰的边界感。这会促使孩子与爸爸、妈妈的关系保持平衡，将来也有利于女孩找到另一个男人成家。

父亲是一架人梯：允许超越，帮助登顶

中国文化中对于老师的赞美，经常用"甘当人梯"来形容。

"一日为师，终身为父。"我们常常把老师比作"师父"，而不是一个有某种技能的"师傅"。

我在德国学习期间的老师、资深心身医学科主任医师舒尔思，目前作为IPA（国际精神分析协会）中国会员候选人的精神分析师，在中国工作。他是一位年近八十岁的老学者，不但被称为精神分析的活字典，而且是中国文化的热爱者，儒、释、道无所不知。

2016 年他来西安时，专门带了一本佛学与心理学的英文书，《慈悲的面貌》（*Faces of Compassion*）送给我，在给我的赠书上留言：

For Dr. Zhang Tianbu：

Dear friend and teacher, with deep thanks for showing me the connection between psychoanalysis and Buddhism.（致亲爱的朋友和老师张天布医师，对你所呈现给我的精神分析与佛学之间的关联深表感谢！）

Hermann Schultz

2016-6-10

当看到这段话的时候，我被深深地感动了。我庄重地接受了他的书和这句赠言，我接受的是他的这份情谊、这份祝愿。我不觉得自己能当他的老师，因为他本人的学识高深，是我望其项背、追随学习的榜样，但是这句话让我心中升腾起一股温暖，那是因为我感觉到他在允许我超越他，他在肯定我的进步和成长，那不是鼓励，不是期待，而是肯定，是信任！

这种允许被超越的态度中，有一份欣赏，有一份尊重，有一份肯定，有一份接纳。那是一种看着我在成为自己的道路上站立起来，蹒跚学步，大步向前时的一种欢欣开怀。

父亲是一位"虎爸爸"：脱离、分离、独立的放飞者

父亲角色的出现就意味着在孩子与母亲的二元关系中加入了一个力点，使得母子二元关系必须有一定的分离，以应对新出现的三角关系。这会帮助孩子自我独立意识的形成。

孩子长大了，父亲也是其内心深处常驻的一个有力量的形象、一个内在的支持者，给孩子胆量去尝试独自闯荡。

虽然孩子远走高飞的时候，父亲也会黯然神伤，但是，父亲会微笑送别。父亲坚定的鼓励是需要内心对孩子的信心做基础的。

允许孩子成为自己，支持孩子选择自己的方向，鼓励孩子发挥自己的才干，是父亲在孩子长大后必须迈出的最重要的一步。

父亲的缺位

父亲的缺位现象值得重视，缺位可能是空间上的缺失，如常年不在家，经常不出现在眼前，没有与孩子共同相处的生活经历。

但父亲的缺位更多的是指心理上的缺失：父亲不在孩子的生活话题中，没有在孩子情感的思念里，不存在于孩子内心的想象中，不被孩子庄重地放在眼里。

缺位有时源于非选择性因素，即身不由己、无可奈何，是工作原因、经济问题、环境使然，例如海岛、极地、远洋、高山、边防等。

缺位也可以是自身主观上的选择性缺位，即在客观上有条件、有能力与孩子在一起，但是自己却推托、退缩、躲避，不积极、不主动、不情愿。这种情况就属于现实的空间、时间上存在，虽然人在一起，但却没有履行父亲的功能。

如果一个人选择性缺位，有可能是他自己还没有做好承当父亲角色的心理准备；有可能他喜欢与朋友们待在一起而非与孩子，也许那正是他自己潜意识里寻找父亲的一种替代方式；有可能他就是在父亲缺失的环境中长大的，内心也缺乏父亲，自己不知道怎么当父亲；有可能以"养家糊口"为理由，掩饰自己不知如何做父亲的恐慌。这些，无疑会对家庭和孩子造成缺失的影响。

与之相对应的，有时父亲的空间缺位，或者非选择性缺位，并不一定会造成孩子心理上的缺位，而是通过在内心树立、造就一个强有力的父亲形象，将其认同并保留在孩子的意向中，成为被孩子效仿的理想榜样。

父爱的成熟与自私

电视剧里经常出现的一个镜头，一个偏老头子气急败坏地骂儿子："我是你爹，你还敢跟我犟嘴？！"

这样的台词，貌似很有分量，事实上却有点滑稽可笑，似乎能听到一种无奈中的挣扎，看到一柄纸糊的撒手锏。编导大概是把父亲生物属性的绝对化特征，与父亲角色的社会心理属性的可变性混淆了。

社会角色中的父子是平等的人际关系，心理关系中的父子有时候是认可的榜样，有时候则是反抗的对象。还有另一种情景的台词："儿子，我为你骄傲！"

不同的人，在不同的心态下说出这句话，可以理解为不同的版本，一个版本是："儿子，你真棒，活出了你自己的精彩。你可以为自己而自豪。我也为你高兴。"另一个版本是："你可算是给我争气了，为我脸上贴了金了。你把我给哄高兴了。"前者表现的是成熟的父爱，后者表现的则是自私的父爱。

文化心理上的父亲形象

网络上有这样一个段子：

一个家庭，就是一部西游记：

孩子就像唐僧，

一路受着保护，有时还不辨好坏，

忠奸不分；

妈妈就像孙悟空，

一路坎坷，不畏艰险，

吃喝拉撒全负担，还费力不讨好；

长辈就像沙僧，

默默付出，不求回报；

而爸爸就像猪八戒，

没什么用，就知道吃，

一不小心还有可能被妖精勾引了去。

这样的段子之所以受欢迎，是因为这些段子通过调侃、贬低、抱怨，表达自己对现实中"爸爸们"的失望，难以企及理想中积极健康、有担当的"爸爸们"。

我们的人生中需要清晰、明朗、积极、健康的父亲形象作为成长中的榜样。心理上健康的父亲形象会给人内心植入勇气和力量。

然而，在人的成长过程中，心理上父亲的形象可能一直会是朦胧的，甚至是凌乱的，比如会有如下不同类型的父亲艺术形象：

苦难、悲壮的：罗中立的油画"父亲"形象。

憨厚、愚笨的：鲁迅作品中的闰土、华老栓。

严厉、冷酷的：《红楼梦》中贾宝玉的爹爹贾政。

软弱、窝囊的：春晚小品节目上的"妻管严"丈夫。

无能、迷茫的：上述段子中被形容为"猪八戒"的父亲。

坚强、倔强的：《白鹿原》上的白嘉轩。

智慧、勇敢的：《三国演义》中的诸葛亮、关羽、赵云、曹操等。

从这些纷繁的形象表达中，我们可以看到，现实的人生是我们并不能拥有一个理想的、完满的父亲作为客体资源来利用，但个人作为一个有主动性的自体，是可以寻找、整合、运用诸多的象征性客体资源的。

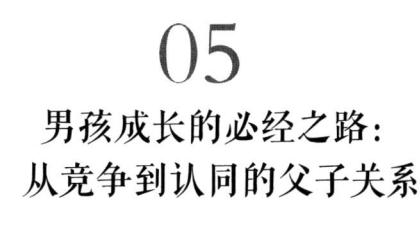

05

**男孩成长的必经之路：
从竞争到认同的父子关系**

父子关系是三角关系中一条重要的边。一个男孩最终能否成长为一个更有力量和价值感，拥有幸福人生的男人，与他在俄狄浦斯期与父亲的关系息息相关。

父亲诸多的心理功能，决定了他在儿子成长过程中至关重要的地位。可以说，父子关系是一个男孩最具成长意义的关系，会直接影响着他日后能否成为一个真正的男人。

俄狄浦斯三角中的父子关系，清晰地呈现出儿子在成长过程中必然会经历的对父亲的嫉妒、竞争、和解和认同。

父子关系的发展：从初级过程到次级过程

儿子和父亲的关系会在不同的发展时期以不同的形式表现出来。在前俄狄浦斯期，内驱力更多以本我的方式表达，其表达形式，弗洛伊德称为初级思维表达，特点是直接的、不经修饰的反映欲望和本能。到了俄狄浦斯期，自我功能越来越强大，体现为次级思维过程经过自我过滤、修饰，变得合乎逻辑、合乎社会和多重人际之间的要求而发展出来的一种表达方式。

比如情感表达，初级思维表达过程中爱的驱力需要表现为"性交"。攻击驱力表现为"打死你""杀了你"；次级思维表达过程中爱的驱力需要的表达就是"喜欢某人"，攻击驱力表现为"讨厌某人"。

在性的驱力表达上，初级过程是直白的、赤裸裸的、重口味的；次级过程是含蓄的、有情调的、文艺范儿的。攻击性赤裸裸的初级表达可能是打架、斗殴、战争；次级表达就是游戏、体育、竞争、竞技。

在三角关系中，象征性的表达在初级过程中对爸爸就是弒父，直接杀死父亲；在次级过程是让爸爸消失，把他赶走，让他让开地方，让他在竞争中落败就行。对妈妈的象征性表达在初级过程中就是"我要娶妈妈""要跟妈妈睡觉"；在次级过程中就是"我需要妈妈温暖的怀抱"，更高的升华就是文学表达"慈母手中线，游子身上衣。临行密密缝，意恐迟迟归"。

次级思维过程是自我功能发展之后才能到达的一种状态，反映出一个人的心理发展进入俄狄浦斯阶段，并且还需要顺利修复和通过。

表 1 前俄狄浦斯期与俄狄浦斯期

心理发展阶段	前俄狄浦斯期：零至三岁	俄狄浦斯期：两岁半至七岁
功能成分	本我	自我

（续表）

心理发展阶段	前俄狄浦斯期：零至三岁	俄狄浦斯期：两岁半至七岁
思维形式	初级思维过程：直接地、不经修饰地反射欲望与本能	次级思维过程：思考曾经"自我"的过滤、修饰，变得合乎逻辑、合乎社会的要求而发展出来的一种表达方式
情感表达	吃了他：性交占有 恨死他：攻击杀死某人	喜欢某人 讨厌某人
性兴奋	皮肤和器官的兴奋快感	情感的愉悦
性感表达	直白、赤裸裸、重口味 妖冶、带刺野玫瑰 流氓 淫荡、骚情	含蓄、有情调、文艺范儿 清新的荷花、盛开的牡丹 帅哥、帅大叔 妩媚、魅力
象征性表达	弑父 娶母	驱离、使其消失、竞争 温柔的怀抱、妈妈做的饭香

　　L先生，二十一岁，身体虚弱，胃口不好，经常失眠、焦虑、紧张、情绪低落、疲乏无力，对事情不感兴趣、没意思，较多的躯体疼痛，呈游走性。病史三年余。经中西医各种治疗，效果时好时坏。影响了学业，高考成绩不好。妈妈和姥姥陪同前来就诊，她们很焦虑，恨不得替孩子承担病痛，急迫地争抢着叙述病情。L像乖乖的小朋友，认真地听着妈妈和姥姥叙述，眼神里有茫然无力感，不知所措。当听她们说到要紧的地方，他也会有痛苦的表情反应。所以我判断，他对内在心理感受的反应能力是存在的。

　　妈妈和姥姥的叙述中充满着遗憾、可惜、不解，禁不住问："我们这么好的孩子为什么遭这么多罪，到底是怎么啦？"我听了觉得话里有话，这么好的孩子？多好？为什么是好孩子？遭了这么多的罪，到底遭了什么样的罪？她们说这个孩子孝顺、懂事、听话，从不惹事，对大人的辛苦非常关心，对妈妈的劳累、姥姥的辛苦都知冷知热的。确实是好孩子，但是我一直没听到有关爸爸的信息。

我问道："爸爸呢？"三个人都停下来，面面相觑，彼此在眼神交流中寻找答复我的人。最后妈妈说："其实我们孩子挺孝顺的，如果遇到不孝顺的同学、伙伴，他会非常生气。"我让她举个例子，妈妈说："比如他听到同学不听父母的话，惹是生非、淘气，他就很生气。看电视、报纸上，或者听到广播里有报道不孝顺的、作奸犯科的孩子，他的情绪反应会很大，恨到不行，脾气变得非常糟糕。"听起来他是很心疼、很珍惜父母的。

我再次问："那他的爸爸呢？"一阵沉默之后，妈妈说："唉，就说他命不好、遭罪，他亲爸在他三岁时得了急病去世。小时候和他爸很好。"我回应道："早年丧父对孩子确实是很重大的创伤。后来呢？"妈妈继续说："我一个人带他不容易，他上小学时我又找了一个人，离异的，有个女儿跟前妻生活。他人很好，我们商量就把这个儿子带大，也不再生育了。继父对他很好，经济上很支持，从来不打骂。可是孩子初二时继父又出事故去世了。"这时，我看到孩子的痛苦表情，眼泪在眼眶里打转，又不愿与我对视。他强忍着没有哭出来，但是呼吸急促，身体在起伏，两手攥得很紧。可以感受到他内在的张力。

我突然间就理解了为什么这个孩子有如此强的孝顺感，对忤逆父母的同伴们会有那么强烈的愤怒。这可能是因为他内心的冲突。如果把他的两次丧父理解为丧失创伤的话，现在的症状就是由于创伤带来的抑郁反应。如果做一个精神动力学的假设，这两次事故的时间太蹊跷，第一次是在他三岁多时，是一个男孩心理发展刚刚进入俄狄浦斯期，内心正处在和父亲的竞争中，还有幻想中的弑父情结，还没完成和父亲的和解，会不会在他内心有一个巨大的恐惧幻想，就是让父亲消失。但是父亲的突然去世，让这个幻想内容与现实的情景之间发生了混淆，心理表象变得模糊，以至于他无法区别父亲的去世是出于自己的想象中的攻击、仇恨，还是现实中的天灾人祸。

第二次创伤发生在他初中时，那时刚进入青春期，在一般发展状态下，一个人早年许多在心理发展中未能解决的冲突情景会得以再现，这正好为当事人提供了一个重新矫正、体验的机会。但很不幸的是这个孩子此时再次受到创伤，继父又去世了，这再一次强化了他幻想的内疚感，表现为一个自我攻击的方式，引起抑郁和躯体疼痛。

当我试图接近他的时候，他表现出明显的拒绝和回避，并一再表示是自己身体的问题，要求服药。

我后来思考：患者与治疗师发展出的重要治疗关系，也意味着一次重现的父子关系。他一方面希望得到帮助，另一方面却拒绝走近，也许不远不近的关系对他来说是最好的。

儒家创建伦理纲常来调节父子间的俄狄浦斯冲突

儒家思想非常强调君君臣臣、父父子子的序位排列秩序，强调子对父的孝，臣对君的忠，最大的忤逆是弑父和篡位，这或许是与孔子的成长经历有关。孔子父亲年龄很大，妈妈年轻，在孔子三岁时父亲去世，是一个无父儿，他在起伏跌宕、挣扎彷徨中成长起来。如果我们给予理解性的解释，孔子发展出的儒家文化对伦常关系的要求，可能就是用此来化解自己内心被唤起的俄狄浦斯情结里弑父的内疚感，或者是用这个伦常关系建立一种秩序，防止杀死父亲、攻击父亲所带来的灾难性后果。

父子关系中的权力之争

俄狄浦斯期父子之间的竞争有两重含义：一是在三角关系里反映出的以性为主题、妈妈为对象的竞争；二是以权力为主题，比如在母系社会的家庭结构中。

马林诺夫斯基认为，在一个母系社会的家庭结构中，竞争仍然存在，但是男孩与象征父亲角色的人（比如爷爷、舅舅）是以竞争权力的方式出现的。徐钧对云南摩梭族走婚现象的考察发现，摩梭族至今仍完整地保存着由女性当家和女性成员传宗接代的母系大家庭，以及男不娶女不嫁，婚姻双方终生各居母家的婚姻形态，晚上男方到女方家里，俗称走婚。这样的家庭里也有女人和男人。家里下一代和上一代男人的竞争就不是性对象的竞争，因为舅舅和妈妈之间没有性关系，他跟舅舅之间往往是权力的竞争。竞争关系最原始的状态是性对象的竞争，而后会演变为对权力的竞争。这种竞争权力的模式帮助我们理解社会关系中的权力格局和权力层次之间的人际关系。这种对权力竞争的意识和表达在很早的神话故事里就有了。

《宝莲灯》演绎的沉香"劈山救母"的故事发生在五岳之一的华山。据说故事发生在汉朝，是宋朝人写的。书生刘彦昌进京赶考路过华山，听人说映雪宫的三圣母娘娘有求必应，她有一个法宝叫"宝莲灯"，是女娲娘娘当年补天的五色石化成的，有无穷法力。刘彦昌就去求签祷告，保佑自己能高中皇榜。不巧的是三圣母这天出门不在家，刘彦昌连抽三签都是空的，很失望。于是题诗一首，以发泄抱怨的情绪："刘彦昌提笔气满腔，怒怨圣母三娘娘，连抽三签无灵验，枉受香烟在此间。"写罢扬长而去。三圣母娘娘回来一看，一方面心有不安，一方面觉得此人胆大妄为，有点生气，于是呼风唤雨。刘彦昌在路上被风吹雨淋，受了风寒，跑回庙里躲雨，其间畏寒发烧不退。三圣母内心有愧，于是悉心照料，一来二去互生情愫。刘彦昌一表人才，琴棋书画样样精通，很文艺范儿，又能撩妹，把三圣母娘娘哄得很高兴，两个人恋爱了。这个三圣母原本是玉皇大帝妹妹瑶姬与人间书生杨天佑的女儿，私下凡间，不成想天作姻缘，结果才子佳人一见倾心，私订终身，暗结珠胎，后来生下儿子沉香，这可是犯了天条。

刘彦昌赶考期间，适逢王母娘娘生日举行蟠桃宴会，女儿三圣母因为怀有身孕不敢露面。她的二哥二郎神杨戬觉得事情蹊跷，前去查看，发现了妹妹怀孕的真相，非常生气，责怪妹妹。三圣母乃公主出身，素来就是任性奔放，坚持维护自己婚姻情感自由，不服天规。杨戬便指挥自己的哮天犬偷走了三圣母的宝莲灯。失去法器宝莲灯护佑的三圣母没有了法力，只得被杨戬施法压在华山底下，过着暗无天日的日子。

三圣母生下了沉香，就让夜叉把沉香送给刘彦昌抚养。刘彦昌既当爹又当妈，把沉香养到八岁（神话故事的人物年龄也是符合现代心理学对心理发展的研究观察的）。沉香问父亲：我的妈妈呢？刘彦昌给儿子讲了妈妈的事情。沉香问爸爸：你怎么不救妈妈呢？刘彦昌本是一介书生，手不能提肩不能挑，羞愧地说：爹没这个本事。沉香说：那我去救妈妈。沉香赤手空拳没能救得了妈妈，索性自己去找舅舅二郎神挑战，结果差点儿被二郎神的哮天犬打死。

霹雳大仙看不过眼，救走了沉香，教诲一番。沉香拜师学艺八年，过了精神分析发展心理学中所说的潜伏期，进入青春期，而青春期就是一个早期心理发展过程中未完成内容的修补时机。十六岁时，沉香辞别师父，去救母亲。这次沉香的功力大长，根本不把舅舅的威风放在眼里，终于把舅舅二郎神打败了。他夺过宝斧，把华山一劈两半，救出了母亲。现在你去华山顶上，还能看见劈山救母的故事遗迹。

沉香救出了妈妈，夺回了宝莲灯，一家人欢欢喜喜生活在一起。哥哥向妹妹认了错，沉香也向舅舅道了歉。沉香被玉帝封了神仙。这是一个皆大欢喜的结局。

在这个故事中，沉香实际上没有爸爸，爸爸在沉香零到八岁时期扮演的是妈妈的角色，是一个很弱的、缺乏男人气概的形象。沉香为了救母，跟一个更强壮的男人——舅舅搏斗。与舅舅之间是权力的斗争、力量的博弈，没有性对象的竞争。沉香从与舅舅这个强大的男性角色的竞争中体验到力量，获得成为男子汉的自信。

父子关系冲突的解决之道

父子关系中的竞争是俄狄浦斯冲突中最重要的话题。

竞争从最原始的含义上讲，是竞争妈妈、竞争性对象；随着社会化功能的扩大，就成了竞争权力的问题。在父系社会中，竞争容易理解，以性对象为主，兼带权力；母系社会中，性的竞争不明显，权力的竞争更突出。

俄狄浦斯期的竞争如何收场？解决之道在哪里？

曾文星主编的《华人的心理与治疗》中有一篇郑仰澄的文章《从中国神话和文学作品看华人的心理发展——中国人的伊底帕斯[①]情结》写道："伊底帕斯期是心理功能从初级过程到次级过程的阶段；伊底帕斯期是超我逐渐形成的重要阶段；伊底帕斯期是一个与妈妈的亲密关系表达方式妥协达成的过程；同时也是一个与爸爸的竞争关系表达方式妥协达成的过程。"

在三角关系中，儿子必须要面临爸爸和妈妈的关系，要在和爸爸、妈妈的关系中寻求新的妥协达成的方式。父子之间的竞争关系会以多种可能性收场。

每个人都有自己独特的心理防御机制，因而在三角关系中，父子竞争的解决之道，不同的人会选择不同的策略，而这些选择一旦成为潜意识的一种模式，就犹如一种情结。

这些解决冲突之道不一而足，不能说哪个最佳，每种选择本身都是各方面条件妥协达成的结果。既跟外在冲突所处的条件环境现实有关，也跟一个人自身的性格、气质特点有关。总结梳理如下：

第一型，聚义革命（造反情结）。

第二型，反叛被诛（丹朱情结）。

第三型，复制人生（舜帝情结）。

第四型，为尊者讳（名讳情结）。

第五型，自我了断（太监情结）。

第六型，出家避世（宝玉情结）。

第七型，开宗立派（山头情结）。

第八型，继承发展（改革情结）。

---

① 即俄狄浦斯。

第九型，投降归顺（招安情结）。

第一型：聚义革命（造反情结）

这是一种革命者的态度，通过"揭竿、起义、推翻"达成取而代之的结果。这是解决俄狄浦斯冲突的方式之一。在前述的希腊神话、中国神话故事中，"弑父"是一种象征性的表达，也包括"撵走、超越、让其消失"的意思。这种革命者的造反起义是对还是不对？很难界定。自古在社会伦理范畴，"杀父弑君""篡位忤逆"都是十恶不赦之罪。但是有时候因社会的变革，"造反""起义""聚义""革命"又是顺乎天意的，是被人们接受的，所谓的"顺乎天意"是人们的一种解释。比如"凤鸣岐山、武王伐纣"。周武王推翻了商纣王，应该说是不符合儒家伦理的。但是有人问孟子："臣弑其君，可乎？"孟子曰："闻诛一夫纣也，未闻弑君也。"孟子的解释合理化了"武王伐纣"这件事。所以你会看到古今中外两代人之间一直演绎着爱恨情仇，这些爱恨情仇里一定有代际的冲突和情结，这些冲突和情结有时候非常剧烈，以至于要革命、要造反、要推翻。

《白鹿原》的故事起伏跌宕、惊心动魄。兆鹏是共产党员，黑娃是土匪。他们对于守着祠堂宗法的上一辈白嘉轩来说明显就属于革命、造反的角色。但是这样的角色刻画和故事结局在小说中也是能被人们接受的。

古语云：伐无道！天经地义。但有时候伐掉的是不是"无道"就很难说，弄不好就会在历史上留下很多污名和差评。比如公元 604 年，隋炀帝杨广弑父夺位，被认为是一代暴君之举。而秦王李世民的玄武门之变，逼退父亲李渊，却又被认为是历史的幸运。

不管评论如何，我们可以看到这就是一种收场的方式。

这种现象反反复复地出现在我们的日常生活中。比如在单位、公司，常言说"长江后浪推前浪，一代更比一代强"，但也有另一种调侃的说法"长江后浪推前浪，前浪被拍死在沙滩上"，学生后辈为了超越老师前辈而挖坑算计的现象也不少。我们对"前浪"和"后浪"的评说和谴责都不能一言以蔽之。这只是解决冲突的方式之一。

第二型：反叛被诛（丹朱情结）

这是失败者的一种解决方式。从心理意义上看，叛逆造反的人是不是潜意识里都想成功呢？这就很难说了。想要成功的人中，有一部分人打内心深处是想成功的，而且敢于成功；另一部分人在做这样的事情时，内心有强烈的自罪与失败的暗示，潜意识里是不敢成功的，这是一种成功的内疚感、自罪感。历史上造反成功的人是少数，大多数造反者最后都以失败告终。他们内心可能有强烈的内疚和失败的暗示，这也叫"丹朱情结"。

丹朱是尧的儿子，性情暴戾乖张，尧担心儿子丹朱性情暴躁，不能成器，就把自己的两个女儿都嫁给了部落里一个忠诚能干的好青年舜，并打算将自己的首领之位传给舜。舜的性格是一种对前辈绝对服从和继承的心态，这让尧感到放心、踏实。但是尧的儿子丹朱却因此而感到委屈挫折，愤然反叛，带领南方的"有苗"部落攻打尧，最后却兵败被诛。在心理冲突的过程中，一方面自己并不甘心失败，但另一方面可能会因为自责、自罪导致底气不足而不得不失败。

《白鹿原》中的田小娥，本来是个良善的女子，并不想成为别人眼中伤风败俗的坏女人。她想过有自尊、有保障的生活，过自食其力的日子。但在与命运的抗争中一次次被推到失败者、招祸者的角色上。而且小娥在很多情景中也明显表现出怯怯的、自责、自罪的神色。另一个人物白孝文，一开始也是胸怀大志、忠于族规乡约的好青年。在小说里的所有人物中，他的成长经历最为曲折、复杂，他在跟父亲的抗争中总是一而再，再而三地失败，但是他的生命力是很顽强的。面临父亲的威严、苛刻、家法、族规，他无形中一次一次地就怂了，没了底气，一次次失败下去。只有当他离开了白鹿原，离开了与父亲直面冲突的环境，自己去闯荡社会的时候他才放开手脚，施展才能，才混出了模样。他发自内心地呐喊："谁要是离不开这塬上，谁就混不出个人样！"我理解他所说的"离开塬上"的含义就是不再顾忌与父亲冲突时的自我束缚。

第三型：复制人生（舜帝情结）

舜对宗法、制度、秩序的态度是完全认同尧的思想、心理、性格，成为忠诚的、绝对服从的继承者，复制上一辈的人生。这种人一般来说是父辈最看好、最放心、最满意的人，就像《白鹿原》里的二儿子白孝武。孝武和妻子过的日子，认同的生活方式、伦理道德，完全跟父母一样。所以白嘉轩跟孝武之间没有明显的冲突，跟大儿子孝文就有明显的冲突，这种冲突又与造反者黑娃的冲突不一样。可是，孝武这个人物形象在小说里很难给人留下印象，读者甚至会忘记他的存在。

第四型：为尊者讳（名讳情结）

在儒家伦理纲常思想的影响下，形成了"为尊者讳"的现象，即对长者要尊称，不能直呼其名，这也是一种"名讳"现象。小孩称呼别人时有没有敬畏，用尊称还是直呼其名反映了其内心处理俄狄浦斯冲突的策略。我们小时候跟小伙伴吵架，最严重的骂人方式就是喊对方妈妈、爸爸的名字。在大庭广众之下，当着某个人的面喊其父母的名字是最不敬的事情，我们在内心是忌讳对长者直呼其名的。有些地方在给小孩取名的时候要避讳长辈的名字里相同的字，在古代，更要忌讳使用当朝皇帝名字里的字。这种人际模式在潜移默化中不知不觉地影响人们之间相处的行为方式。而在西方，为表达亲密可以直呼其名，孙子可以继续使用爷爷的名字。我在十多年前去德国做精神分析训练，我的分析师比我年长很多，在我心目中就像是心理上的父亲，这种父亲的感觉也是一种移情关系。当我们的分析工作结束后就变成了同事和朋友，在一起合作共事，关系虽然很亲密，但是我一直不能直呼他的名字，基本每次都是用尊称 Dr.Schultz，我无法改变，这是因为我内心对他深深的敬畏和不容冒犯的情感已经仪式化了。

当然现在中国的社会文化已经有了很大的变化，孩子对父母的称谓方式变得五花八门，在咨询室中有时我们会看见儿女对父母有很多不同的称谓，留意这个现象有助于我们观察和理解来访者内心的俄狄浦斯关系及其强度。

第五型：自我了断（太监情结）

没有人愿意自残，凡是自残必有所图。一个人选择自我了断图的是什么呢？可能是为了实现自己某种强烈的期望，或者是为了化解难以缓解的矛盾冲突。自我了断类型的特征就是牺牲一个人的性别气概，比如阳刚之气和阴柔之气。失去性别优势之后，不再具备攻击性和竞争的条件，使得竞争对手感到安全而免遭其惩罚，使自己幻想不再受被惩罚的恐惧和煎熬。这种阉割情结有时候是自愿的，有时候是出于无奈。

《白鹿原》中的白孝文，本来是一个单纯的孩子，小时候与兆鹏和黑娃逃学，去看了牲口交配，被他爸白嘉轩用刺鞭抽打之后变得再也不敢涉及性事了，新婚之夜还是媳妇教会了他男女之事。尝到甜头的孝文变得不加节制，一到天黑就往炕上钻，累得腰膝酸软、面色蜡黄、精力不济。父母这些过来人一看就知道是怎么回事儿，白嘉轩看着孝文灰白的脸色和精力不济的神情，忧心忡忡地让妻子仙草告诫孝文。仙草不好意思出面，请来婆婆帮助。老人家爱孙子心切，一听说孝文把身子累垮了，马上将孙媳妇叫来一顿责骂收拾。孙媳妇很委屈，说我也管不住你孙子，又不能给被窝里打一堵墙啊。老太太就自告奋勇说："我给你被窝里打墙，看打成打不成。"到了晚上，孝文刚钻进被窝，老太太就站在窗外张着没牙漏风的嘴喊："孝文啊，你是个读书人，可不能……"像念经一样就嚷开了。孝文刚来了点儿兴致，被奶奶这么一念叨，没戏了，阳痿了。

这个情节没完，很有意思，孝文从此一蹶不振，每天晚上睡觉时，欲火中烧的媳妇眼巴巴等着他钻被窝，他却点个油灯一本正经地认真读书，很冷静，结婚数年没有生子。他父母这下子又急了，结婚几年没孩子，他们等着抱孙子，儿媳妇还不满意，天天哭哭啼啼，骂骂叨叨。老太太又着急了，每天晚上一看到孙子看书，就又站到窗子外面开始念叨："孝文啊，别看书了，赶紧睡觉去吧。""孝文，赶紧跟媳妇睡觉去吧。"孝文的阳痿一开始是被他爸抽打教训的，后又被奶奶惊吓羞辱，是创伤后应激障碍的症状。但是这些症状后来就变成孝文对父母示威攻击的武器：你看我不行了吧，我再也不给你们惹事儿了吧。这下你们放心了吧。看把你们能成啥了！所以这种自我了断的"太监情结"，有主动缴械投降，也有被动攻击的含义。

第六型：出家避世（宝玉情结）

《红楼梦》里的贾宝玉最后的结局是出家避世，也可能是曹雪芹在纷乱复杂、冲突四起的社会、家庭、政治、经济的矛盾中，给宝玉找到的一条比较合乎他心性的出路。宝玉常年生活在怡红院，被诸多的美女包围在鲜花丛中，在人际关系中经常是怜香惜玉，温柔细腻的。他心存善念、柔情，不是那种性格刚烈、能杀能打的人，一般情况下不愿意与人对立冲突，与父亲相处的态度，则总是躲着、绕着。他不涉政事，既不愿意同流合污、顺从服气，又不能"自废武功"，更难以揭竿而起，推翻旧制，只好选择避世离尘，自得清净，或者自成一派。

这种出家避世的"宝玉情结"从古至今一直都有，比如终南山从古至今就是最著名的高人隐居之地。一些所谓的隐士"大隐隐于朝，中隐隐于市，小隐隐于野"，就是因为在纷乱错杂的现实生活中，无法面对、主宰矛盾冲突，获得自由，所以就选择了遁世绝俗，求个清闲。因此，这种情结也可以称为"隐士情结"。

第七型：开宗立派（山头情结）

俗话说："教会徒弟，饿死师父。"这句话很直白地表达出两辈艺人之间近乎生死的竞争、矛盾冲突，因此当一个人跟随师父学艺成熟之后，就会"出徒"离开师父。在事业发展上处理跟前辈竞争冲突关系的一种模式就是"自立门派"，我个人认为这是一种相对比较有建设性的方式。

在儿女成长过程中，父母要有树大分支的态度，支持孩子独立创造自己的人生。如果一个人在心理上不想继续啃老，也不想占爸爸的被窝，抢师父的饭碗，就会自立门户。这也是一种自立山头为王的做法，姑且称之为"山头情结"。有些人就有一种"自立门户"的性格特征，这种人往往容易去创业，而且能够成功，因为他的性格中有"开宗立派"的气势和需要。

治疗师在心理治疗中会遇到因为创业的苦恼来求助的患者，就需要评估其是否具备这种"自立门户"的性格特征。如果来者是一个有"宝玉情结"性格特征的人，你最好让他拉倒吧，他才受不了创业的那些麻烦。

第八型：继承发展（改革情结）

有相当多的人不选择"自立门派"，也不选择"出家避世"，也不会"自我了断"，也不会认怂，更不会忤逆叛变。但是这种人有一个综合妥协的特质：不是通过剧烈的冲突变革，而是采取继承前人的资源，调节、变化其中的某些部分以适应发展，这是一种相对和缓的处理冲突的方式，就是"改良变革"，可以称为"改革情结"。这种人具有较强的综合协调、处理矛盾冲突的能力。

历史上的朝代盛世往往需要几代人不懈努力，共同完成。以大汉王朝为例，高祖刘邦刚打下天下时国力衰弱，作为天子，出门想找四匹同样颜色的马拉车都困难。到了文景之治时期，百姓休养生息，国家养精蓄锐，积累了初步的家底。到了汉武大帝刘彻掌权后，就开始革新，改变文景时代的一些治理方式，以儒家思想为指导，采取更积极进取的方式处理内乱和外患。大唐盛世也是由贞观之治到开元盛世发展而来的。历史上的每一个朝代能够达到盛世，都要经历不断地发展和变革，才能逐渐地从军事、政治到经济、文化都达到强盛。这是一个需要不断继承和发展的过程，这种改革求新的策略，更加考验人的耐力和心智水平。

大到社会变迁，小到一个单位的发展、一个家庭的兴盛，一代一代人都要用心经营。这个过程中既要继承，还不能故步自封，每代人都要做出适当的、符合自己时代的、能发挥主动性的变革。

第九型：投降归顺（招安情结）

《水浒传》里的宋江就是典型形象。此部分本书将在第 12 章中进行详细解读。

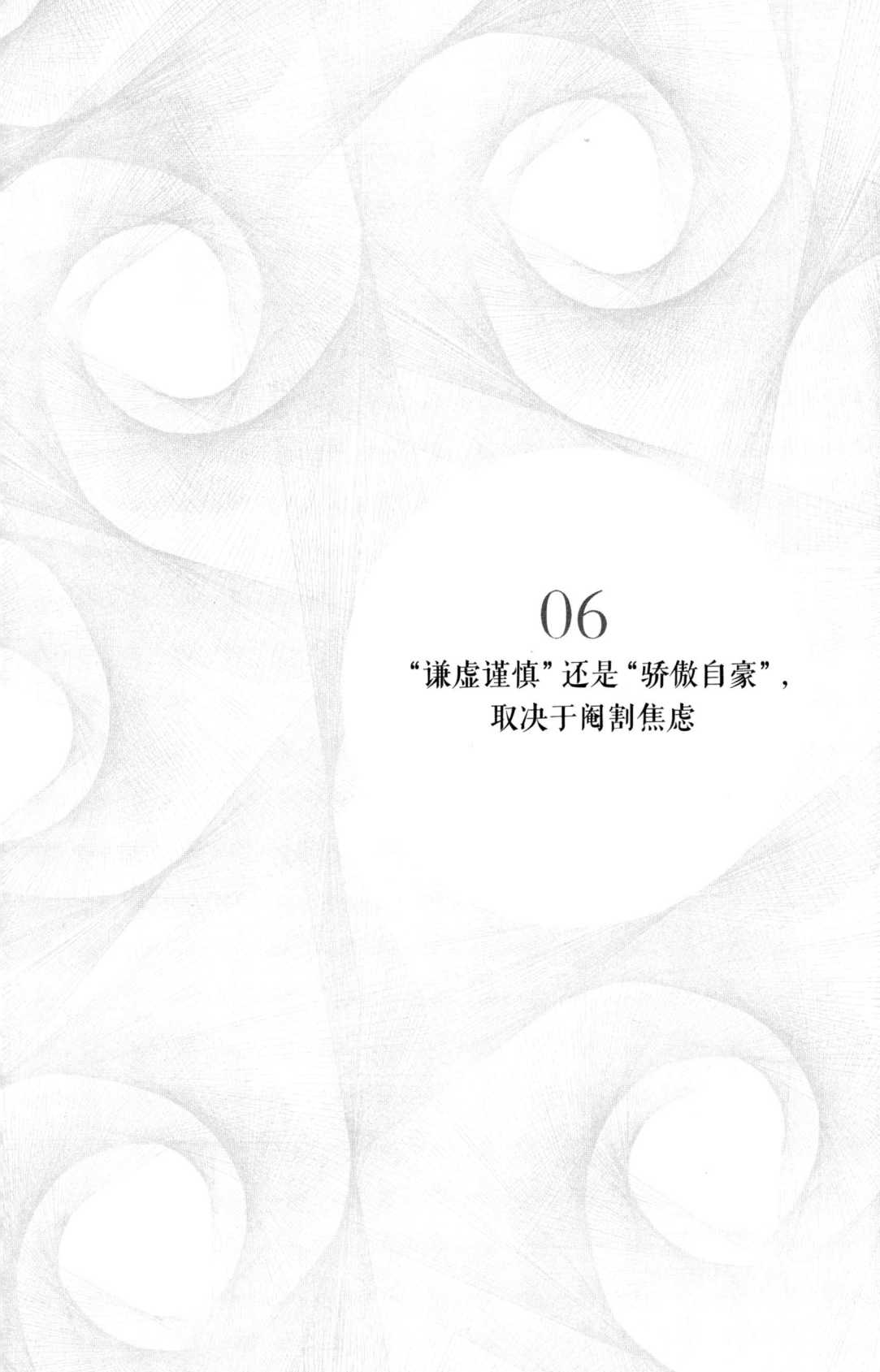

06

"谦虚谨慎"还是"骄傲自豪",
取决于阉割焦虑

在俄狄浦斯三角关系中的竞争既会带来攻击性的张力释放的快感，同时也会造成因为攻击而出现的内疚的苦恼。竞争取胜似乎是理所应当的事情，但是我以何种程度的分寸来把握胜利的结果呢？我是要斩草除根地将其灭绝，独霸天下，还是掌握主动后适可而止，合作共赢？竞争胜利的分寸究竟该如何把握，对于每个人则各不相同，因而形成了形形色色的人际关系。

竞争是一个相互角力的过程，面对竞争对手，你会不会有遭到报复的担心呢？如果这个报复不是来自于一个具体的对手的行为，那它也可能是来自于自己潜意识中想象的惩罚。在想象中这个报应会以怎么样的方式出现呢？会不会被那个幻想中强大的父亲把小鸡鸡掐掉。担心小鸡鸡遭到报复性伤害就是我们所说的阉割焦虑的心理含义。

阉割是一个象征性的比喻，它既是生理器官遭受创伤的描述，也是心理优势遇到打压的含义，还有着精神气概被摧垮的象征意义。一个人在自己内心如何涵容处理这种阉割焦虑，与如何在行为处事方式上驾驭竞争的分寸是表里一致的关系。有些人是自己内心敢于胜利，所以就会理直气壮地轻松取胜，有些人却是因为"妇人之仁""书生之见"而贻误战机，还有的人则是因为凶残狂暴而玉石俱焚。

"害羞"的膀胱：一个有关阉割焦虑的故事

中年男性王先生，这几年有一个很大的苦恼就是排尿困难，而且反复就医无果。他也不是说任何时候都尿不出来，而是在人多的地方就容易尿不出来。如果是他一个人的时候，自己慢慢地，心平气和一些，就能把这桩大事办了。但是如果到了公共的卫生间就很麻烦，他就得小心翼翼，尽可能地选择一个别人不关注的角落，努力排除别人对自己的注意。其实在公共卫生间里大家都匆匆忙忙地办自己的事，谁还有心思去看别人？但是他自己会觉得在人多的环境中总会被人注意，所以每次要花很长的时间先观察地形，再看看人员流量，然后找个适当的时机抢占有利位置。每次上厕所要花很长时间，这令他非常困扰。比如说在单位、公司等公共场所的卫生间，遇到一个"没长眼色"的熟人主动向他打个招呼，搭讪一下，这下就苦了王先生了，他半天都缓不过神儿来，紧张到必须要等熟人离开以后很久，四下观望确信没有人再关注他，才能重新开始这个困难的排尿程序。有时候因为等待把自己憋得脸红脖子粗，又怕别人看见自己的行为表现怪异，所以就又把注意力全部关注在别人身上。最尴尬的是当他太过紧张，全部精力都在关注周围的环境和人时，结果又把撒尿这件事给忘了，注意力又不在这儿了。当他心不在这事儿上的时候，你知道又会发生什么事吗？——没人看管了，人家"水龙头"自己开闸放水了，结果不是尿在鞋上就是淋在裤子上。一旦回过神来，王先生就感觉万分丢人、羞愧，既委屈又愤怒，但是总算把这泡尿给尿舒服了，真的是无语。

王先生的痛苦由来已久。排尿困难从小就有，只是最近这三五年变得越来越麻烦、越来越严重。开始还以为是上了年纪前列腺肥大导致的，但是做了前列腺的检查，发现前列腺并不肥大。这是一个紧张性的排尿困难，人越多的时候越紧张，越紧张的时候越害羞，越害羞的时候越尿不出来。临床上叫作"膀胱害羞综合征"，其实是个心理障碍。

王先生从小就害羞、容易紧张，在人多的地方害怕。五年前单位组织一批人去国外旅游考察，当地有一个投币式的公共卫生间，每次人进去的时候先投个币。王先生一到这里就感觉这个使用起来很不方便，先自己担心起来。他看见一个空当就跑到前头去，占了第一的位置，但他还是尿不出来。结果后边人一个接一个过来，他就更紧张了，只有等别人都走完了，他才能比较顺利地解决这个问题。为此他把自己憋的，有几次都虚汗淋漓，恶心晕厥过去。最后为避免当众出丑，不得已缩短行程，败兴而归。从此以后症状就更加重了。

两三个月前因为又一次和同事相伴，四五个人一起出差，仍然因为上厕所的事情导致旅途很不顺利。于是王先生下定决心一定要解决，本以为是泌尿科的问题，辗转求医几个月。

下面呈现部分对话片段帮助大家理解这个个案。

治疗师："你年轻的时候经常跟同学、朋友起哄玩闹，这种事情很多，那个时候你怎么办呢？"

王先生："我年轻的时候也有这种情况，所以我尽量不到公共卫生间去，害怕出洋相。有时候一帮伙计在一块儿开玩笑，上厕所的时候大家一起去，比谁尿得高，我往往在这种情况下会退缩，我就是尿不出来，结果反而成了别人取笑、关注、喝倒彩的典型。所以遇上这种事情的话自己尽量躲着走，尽量不和大家一块儿去。"

治疗师："你上学的时候怎么办呢？你上初中、高中、大学，课间时间很短，十分钟的时间，大家都得一块儿去，你怎么解决这件事情？"

王先生："课间休息我每次只能等着别人都走了才上厕所，有的时候上课铃都响了，所以我经常迟到。为这个老师也没少批评我，但是我又没法解释，也因此受了好多的委屈。"

治疗师看到他在上厕所这件事情上表现出的特点是比较"认真守规矩"。虽然自己非常痛苦，但是还特别认真，每次必须要规规矩矩地尿到池子里去，而不是找个方便的地方就地解决。于是决定根据他的这个特点来展开工作。

治疗师："这件事情有时候可以采取特殊事情特别办理……"

王先生："那多不好……"

治疗师："怎么不好？"

王先生："那多没规矩……"

治疗师："看来你是一个比较认真守规矩的人。"

王先生："是的，我这个人确实很负责、很守规矩。"

治疗师："想必你在单位做事也是很认真、很负责，可能也是一个上进心比较强的人。我听你这个意思，单位里给你机会让你出国考察，一定是因为你在单位里挺重要的，或许你有比较好的职位。"

王先生："是的……"

治疗师："我发现你这个人像是一个厚道人，你这个人的特点是不太爱占便宜。"

王先生："真的，我要是占点小便宜，就觉得心不安。所以我哪怕吃点小亏，宁肯顾全大局，宁肯顾全别人的利益，我也不愿意让别人说我这个人有私心、贪财，也不干这些事情，所以我口碑是比较好的。"

治疗师："所以你其实是比较在意别人怎么看你的？"

治疗师想帮助王先生缓解一下他的超我对自己太过苛责的"神经症型焦虑"，更深入地探索却发现王先生早年有一个小的创伤事件。后来的谈话中，王先生想起已经被他遗忘了很多年的一件事。

王先生："在我小的时候，家里有个病人。也是经过多方求医仍不见好转，后来有人给了一个中药偏方，嘱咐用药的时候必须要用童子尿来做药引子。刚好我那个时候是家里唯一的男孩，很受大家的宠爱。于是一帮大人都围着我，拿个小茶杯眼巴巴等着我赶紧尿一点儿，就像是等观音菩萨普降甘霖那样。这帮大人这么重视、认真、满怀崇敬地看着我，一开始我也挺自豪的，终于派上用场了，准备给大人们好好表现。结果大家神色紧张、目光炯炯地盯着我，我突然感觉很紧张，小鸡鸡翘得老高，半天就是尿不出来。我越尿不出来周围的人越着急，看的看，盯的盯，喊的喊，鼓劲的鼓劲，加油的加油。结果我一滴也没尿出来，哇的一声哭了。

"这件事也就这么不了了之了。原以为不过是一件小事情，不值一提，可是今天突然想起来。刚才对你说的时候，我觉得一个人太被人重视了也不好。"

治疗师："小鸡鸡承担不了如此的重任，这泡尿尿得好辛苦。"

这就是一个俄狄浦斯主题里与阉割焦虑相关的片段。这个片段让我们感觉到小鸡鸡被过度关注的时候不堪重负的委屈、压力，甚至成了一种危险。

阉割焦虑的三重含义

阉割焦虑包含以下三重含义：

第一重含义，阉割是关于一个人生理的、躯体的创伤。这种创伤既可以表现在性器官上，也可以表现在身体其他部位上。

第二重含义，阉割与一个人性别身份的认同有关系，与他心理上的性别优势被剥夺有关系。

第三重含义，阉割与一个人的自恋、自我价值、自尊受挫有关系。

阉割是一种动物手术

阉割这个词本来是指一种对于动物的手术，在动物的性发育成熟之前，要把它的性腺摘除，这样就会使动物在生理的性成熟上变得模糊，长大之后不会有强烈的性冲动和生殖需求，而且攻击性会下降，变得温顺，运动的幅度也会减少，这样就便于将饲料喂养产生的能量储存下来，也就容易长肉贴膘。没有摘除性腺的动物往往会表现出很强的冲动和攻击性，比较凶猛。

我舅舅就有阉割这门手艺，帮着邻里乡亲劁猪骟羊，我经常跟着看热闹，帮闲忙。阉割手术还有一个技巧，把睾丸摘除之前要先将其划破，流出血来，然后再摘除。我当时不太懂，劁母猪的时候怎么没有这个过程呢？直接把卵巢切除就完了。后来我学医的时候才知道，因为精子是一种封闭的自体抗原，在正常情况下精子生成后直接经过输精管排出体外，所以精子在整个发育过程中是不接触血液的。精子会被血液系统误以为是一种外来物质，所以精子一旦进入血液，会被血液识别为异体抗原，因而会对其发生免疫反应。一旦有了精子见血的过程，就会刺激体内产生针对精子的抗体，导致自体免疫反应，从而出现自杀精子现象，结果就会导致雄性不育。所以有时候男性的不育很可能是在未知的情况下，睾丸受到过挫伤、损伤。

阉割也包含了身体完整性被破坏，情感被伤害

现代社会阉割、生殖器受伤的可能性比较低。如果我们把阉割焦虑仅仅定义为生殖器受伤，并不能完全解释一些心理现象。

有一次特殊的机会让我理解了阉割焦虑的另一层含义。一次在与几位德国老师的娱乐活动中，有几个同学在唱儿歌"两只老虎，两只老虎，跑得快。一个没有尾巴，一个没有眼睛，真奇怪，真奇怪"。旁边的德国老师也跟着跳、跟着唱。唱完以后他说："这就是俄狄浦斯的阉割焦虑！"我很奇怪："这怎么是阉割焦虑呢？"这是没有尾巴、没有眼睛，这和阉割焦虑有什么关系？他说："俄狄浦斯的阉割不仅仅指的是性器官的受伤，它延伸的含义包括了身体受伤。"

这提示我们，如果在咨询中遇到一个人因为担心身体受到伤害而感觉恐惧，往往意味着俄狄浦斯阉割焦虑被激活。

这种象征性阉割的主题很多。比如在明朝灭亡以后，清军入关，要求汉人剃发。汉人有一个传统意识："身体发肤，受之父母，不敢毁伤。"因此，

清初的剃发运动引起世人很大的恐惧和强烈的反抗。清朝为了推行剃发，强制"不剃发就提头"，叫作"留头不留发，留发不留头"。这在一定意义上也象征着对人的阉割，这种阉割不但有身体上的损害，还有心理意义上的征服。你说身体发肤不敢毁伤，那我现在就要伤害你一下，让你屈服。

阉割焦虑的象征性表达：夺志气，灭威风

三国时期，曹操发兵，时值麦熟之际，号令三军："大小将校，凡过麦田，但有践踏者，并皆斩首。"可是，曹操自己的马却因受惊而践踏了麦田。他郑重其事地让执法的官员为自己定罪。执法官对照《春秋》上"刑不上大夫"的原则，认为不能处罚担任尊贵职务的人。曹操认为：自己制定的法令，自己却违反，怎么取信于军？我是全军统帅，更应令出即行。遂欲拔剑自刎，被将士拦下。既被拦下，他于是拿起剑割掉头发，传示三军："丞相踏麦，本当斩首号令，因重任在身，今割发以代。"于是三军悚然。这就是著名的曹操"割发代首"的故事。

古代短发是"低贱"的象征。中国古代五刑之一"髡刑"，就是将人的头发全部或部分剃掉的刑罚，是一种耻辱刑。另自汉武帝时期，儒家便是主流，而儒家思想其中就有"身体发肤，受之父母，不敢毁伤，孝之始也"。由此可见，在当时，割发是非常严重的惩罚。

曹操把自己的头发割下来，向所有的人示意，表示象征性地对他的惩罚。这种惩罚也有一定的阉割含义，但是这种主动接受的惩罚，则表达了服从，代表了一种对于规则敬畏的态度。

严重阉割焦虑造成的困惑

严重阉割焦虑的心理意义有两部分：一部分是生理与心理性别身份一致性的发展受到了抑制；另一部分是心理上自尊、自信、自强的性别优越感被剥夺，自信和自豪被摧毁、被碾压，甚至垮塌。

关于俄狄浦斯性别身份的发展和认同，以及阉割焦虑在性别身份认同上的意义，简单归纳如下：

如果一个人性别身份的认同不足，他的表现是什么？对于男孩来讲，他不能表现出阳刚之气；对于女孩来讲，她不能发挥阴柔和温润的优点。这样都使心理性别的优势得不到发挥。

导致孩子的性别身份发展被抑制、被压抑，造成心理发展的障碍，既可能有父亲的影响，也可能有母亲的影响。比如一个强势的父亲往往容易让孩子难以超越，孩子在和父亲的竞争中，可能总是处于下风，总是被战胜，可能一直处于失败和挫折中。俗话讲"话大欺后"，就是说一个人说话口气特别大，做事特别张狂、张扬、得理不饶人，处处计较、事事逞强，攻击性太强，他会不知不觉间欺压到他的后代。母亲有时候也会给孩子带来阉割焦虑，使孩子在性别的发展上受到挫折。比如一个过分控制的母亲、过分纠缠的母亲，会让孩子和她的分离很困难，会充满着强烈的内疚感，这样给孩子的心理上带来乱伦的危险、恐惧，会使孩子的心理发展举足不前，无法突围俄狄浦斯冲突而停滞。

在高中和大学阶段，有一种非常普遍的现象，叫"基友"。有些男孩对另一些强壮的同性，有领袖气概、男子汉气概的伙伴，表现出强烈的依赖、好感、愿意给他当跟班。在这个过程中，通过与大男孩、强男人之间的打打闹闹，甚至嬉笑、竞争、互相攻击、调侃来体现自己也是一个男孩。这就犹如一个小男孩和一个大男孩在一块儿玩，比鸡鸡谁长谁短、谁粗谁细的游戏，他们之间玩得会很高兴。但是后面慢慢就会出现一个问题，通常强壮的、年长的、居于老大地位的男孩开始谈恋爱的时候，这个跟班就会出现一种反应——对大哥的女朋友表现出羡慕、嫉妒、恨。这种羡慕、嫉妒、恨，有时候是一种隐隐的痛，是一种藏在心里不好意思告人的情感。这种情感如果再浓烈一点，就可能是一种同性恋的反应。就像电影《霸王别姬》中的程蝶衣对段小楼的情感，那是同性恋的要求。现实中，大多数同性的友谊中会或多或少的都有对对方的异性朋友吃醋和嫉妒的反应，如果这种反应太强烈，就可能意味着他本人的男性气概不足。

　　一位年近三十岁的小伙子，谈了几年恋爱，临近新婚之时他添了一桩心事——总在担心自己的包皮太长。听人说包皮太长容易藏污纳垢，夫妻生活时会影响媳妇的健康。而他对自己阴茎的形状、长短、大小也很关注，时不时地悄悄掏出来翻来覆去地查看。原准备下半年结婚，上半年就开始惆怅了，想把包皮割了。他托人找了一个比较有经验的外科医生做了包皮环切手术，这本是一个很简单的手术，技术要求也不太高。但是事情又有点蹊跷，手术以后，他就有了心病，反复去找那个医生，就想问包皮是不是割得太多了，然后会不会影响到阴茎勃起的长短。医生检查后告知手术没问题，不会影响勃起。况且包皮本身是一个松弛的皮肤组织，是有弹性的，阴茎勃起会牵拉皮肤自动变长。

　　但是这个医学解释对于他只能发挥短暂的作用。然后他就琢磨，要不要让大夫再看一看，要不要再做一个手术，能再延长一点。这可把大夫难住了。本来这不是个事儿，可是这个患者却老在这个点上纠结，反反复复找医生。医生的解释只能暂时解决患者的疑虑，不久又会旧话重提，且颇为苦恼，让泌尿科医生有点不可思议，于是转诊去看心理科。小伙子身高一米八，长得高大帅气、浓眉大眼、五官端正。然而美中不足的是阳刚不足，好像有点书生气，有点"娘"的感觉。

他谈到之所以迟迟不结婚，有一个潜在的原因，是他对自己的信心不足。这个信心不足表现在哪里？比如说他觉得自己现在还没有功成名就，所以他会担心自己现在结婚，有没有能力养家糊口，承担起家庭的责任。也就是说，他对自己的事业是有顾虑的，对自己成功的信心是不足的，这同样会延伸到他对承担家庭中一个男人角色信心的不足上。

他非常聪明，能够向自己内心探索。治疗师说："看来你是对自己的信心不足？"他说："和同龄人比较，我发现我的大学、研究生时的同学，他们很有气势，胆子很大。有些一毕业就自己去闯荡，几年下来，个个看起来很有男人味，并在事业上小有成就。虽然我也有研究生学历，工作单位的条件也不错，但是我总觉得自己好像没有做出什么令人信服的成绩。"

治疗师问："那你当年在青春期的时候是什么样的？"这是一个对自我男性气概认同的问题。一个人的自我认同，包括性别身份的认同，青春期是一个很典型的时间段。

他说："在初中、高中的时候还没有什么，我觉得不比谁差，而且我觉得我一直很优秀。我父母都是知识分子，也都从事专业工作，是他们专业领域的专家。他们对我的要求也比较严格。我从小学习很认真，但是人际交往面比较窄，不会和同学打成一片。但是我的学习一直非常好，中考以非常优异的成绩考上了重点高中，高中成绩一直处于上游。

"我当时有一个心愿，想考国内顶级的名校，老师也一直把我当这样的苗子培养，但同时我也很焦虑，担心自己考不上怎么办，所以成绩时好时坏。虽然我的成绩在上游，但总到不了前茅，有时候突出，有时候下降，成绩并不是很稳定。我每到考试的时候就很焦虑，我也知道自己有考试焦虑。

"很不幸的是，当年的高考发挥失常，没有考上名校，尽管也上了一个比较好的一本院校。但这件事情让我一直不服气，我总想扳回一局，想找回心里的优越感。"

治疗师笑着说："你想'报仇'？"

他说："对，我就是想报仇。但是这个仇怎么报？虽然我考研究生的时候考上了名校，但是心里总有一个结，就是当年我高考失利了。这件事情总在我心里反复纠结。我后悔当时为什么没有去复读，现在也来不及了。"

于是这就成了他的一个心病。这件事情成了他心里对自己的自信、对实现自己理想化的目标、对自己人生的期待，以及对青春年少时的气吞山河的雄心壮志无法实现的遗憾，总想再去找回来。

在这个小伙子的内心，有三个层次的事情。这三个层次的事情依次排列，贯穿了一个相似的主题。

第一层，担忧手术效果，担心手术后影响长短。

第二层，追溯他强迫性重复的发生根源就是高考没考上理想的名校，高考成了一次挫折，他总想报仇，但是时过境迁，没办法重复，报不了仇。

第三层，对自己作为一个男人、一个强者、一个胜利者的自信心和气概的肯定。

这三件事情——手术的效果、自己作为男人的自信和气概，以及高考失利，只有目前验证手术效果这件事情，最容易让他直接得到证明，最容易让他反复纠结。因为这件事情，他可以反复问医生，反复去测量，反复和医生讨论是不是重新修补。其他的两件事是内心无法捉摸、无法驾驭的。而问题的核心还是对自己信心的问题，表面上看是在手术的效果上较劲，实际上是在自己能否成为一个男人上较劲。

我行医三十多年，做外科医生的时候患者大多数都是青年男性，为患者做过不少的包皮手术。患者常常以对包皮感兴趣的主诉来求助医生，我当年还没有意识到这个问题，后来才明白，其中有些也许是他们对自己男性气概的冲突和好奇，有些手术可能是没有必要做的。

司马迁铁笔如椽："去势"和宫刑

阉割焦虑的影响会从生理受伤到性别身份认同，再进一步到一个人的自信、自尊、气概、自豪感。所以阉割的概念也会用"去势"这个词来表达，即剥夺优势和优越感，这不仅是生理上的优势，还有心理上自信、自豪感的优势，让一个人的自信、自豪感受到威胁，甚至毁损。

过去有一种阉割的酷刑宫刑，用于惩罚罪犯。此外还有一种情况是对入宫陪王伴驾者所实施的手术，这种人就成了太监。还有一种人并不是被他人阉割，而是自觉自愿地阉割，就是那种"欲练神功，必先自宫"的人。

宫刑在古代仅次于死刑。这个刑罚不仅是对人肉体的巨大摧残，更是对人精神上的严重欺辱。绝大多数人面临这个刑罚时，生理上可能会苟且活着，但是精神上会遭受巨大的创伤而崩溃。

当然，也有人受到身体宫刑而精神不倒，即阉割发生在身体上，但是心理上、精神上、气节上却没有被阉割，汉代著名的史学家司马迁就是这样的典型人物。

　　司马迁的家族渊源深厚，他的八世祖是效力于秦惠文王、秦武王、秦昭襄王时期的大将军司马错，建立了巨大的功勋，荫及子孙后世，代代在朝为官。司马迁的父亲在汉武帝时期是太史令，司马迁十岁时就随父亲到了京师长安，得高人指点。二十岁时开始到各地游历，元封三年（公元前108年）岁接掌父亲的官位，做了太史令。天汉二年（公元前99年），司马迁正在专心写《史记》时发生了一件重要的事情。汉武帝派兵北伐匈奴，大将李陵孤军深入，被匈奴的八万骑兵包围，经过八个昼夜的厮杀，李陵斩杀敌军上万，但最终寡不敌众，弹尽粮绝，兵败而降。消息传回长安，汉武帝震怒，他的自尊心极强，容不得自己的军队遭此挫折，对失败的李陵非常愤怒、怨恨，众大臣察言观色、趋炎附势，纷纷附和。司马迁作为太史令，秉公直言，尽力为李陵辩护。汉武帝认为司马迁这样做是有意偏袒李陵，便勃然大怒，将司马迁打入大牢。

　　案子落到酷吏杜周手中，杜周严刑审讯司马迁，司马迁忍受了各种肉体和精神上的残酷折磨。面对酷吏，他始终不屈服，也不认罪，杜周就把司马迁判了死刑。在汉朝，死刑要想免除可以有两条路，或者交钱，或者受"腐刑"，即"宫刑"。司马迁清贫无钱，被迫接受了腐刑，承受了巨大的屈辱。他曾数次想自杀，但是他有更重要的使命——完成《史记》的写作，这个坚定的信念让他选择了接受宫刑，但他的精神并没有因此垮掉。他后来有一句非常著名的话："人固有一死，或重于泰山，或轻于鸿毛。"被毛泽东主席引用在名篇《为人民服务》里。

　　汉武大帝雄才大略，要一展自己的雄心壮志，不容别人对他质疑、批评。司马迁的人格里也有其祖宗世代为官所积累下来的忠于职守的品格，也不会因为面对这么强大的君王而唯唯诺诺，丧失作为史官的原则。虽然最后遭到了生理上的阉割，但是司马迁在精神上、心理上并没有被阉割，他精神上的阳刚之气依然傲然挺立，不可撼动。用他史官那象征性的阳具——"如椽的巨笔"完成了《史记》这部旷世巨著。鲁迅赞扬《史记》是"史家之绝唱，无韵之离骚"。

古人有一句话说得很有志气："三军可以夺其帅，匹夫不可夺志也。"中国历史上这些故事和人物在向我们传递一个信息：阉割可以发生在生理上，但并不一定导致精神上、心理上被阉割。而有些人虽然生理上是健全的，但是在精神上、心理上却做不到有自信、有自尊、有志气。这提示我们要从俄狄浦斯的阉割焦虑角度去看待如何建立自信、自强的品质。

金庸笔下的阉割："欲练神功，必先自宫"

金庸有一部武侠小说《笑傲江湖》，书中的主人公令狐冲的师父岳不群，是五岳剑派之一华山派的掌门人，号称"君子剑"，其华山剑术独步天下。令狐冲作为大徒弟本来可以继承师父的衣钵，却阴差阳错，事事不顺。行走江湖不知险恶，却性情率真，不懂江湖规则，也不屑于江湖规则，无意中得罪了许多豪杰人物，也结交了许多高人义士。令狐冲年少冲动，自以为是仗义执言，替天行道，结果屡屡被陷害欺侮，还被师父误解，不得不离开师门，流浪江湖，遭遇各种坎坷、失败和挫折。在历经磨炼之后，他的人格越来越成熟，他的武功超过了所有的人，包括他的师父。

令狐冲是一个放浪形骸，不拘小节，行为有很多毛病的人，但又是一个情感真诚的人。他饮酒、打架、见义勇为，冒犯了各路英雄豪杰。当他跟别人发生了纠纷和冲突时，总能看到师父岳不群一身正气，以不容置疑的、完全正确的态度，严厉地教导和责罚徒儿。每当我读到令狐冲犯了错，岳不群要来的时候，都会为令狐冲捏一把汗，心里局促不安。总感觉师父是一身正气、傲立江湖，他的气势、威严、声誉、态度之优越，令人心生敬仰，难以企及。

岳不群的"君子剑"独领风骚，但是在英雄辈出的武林，随时都有被人挑战，丧失地位、尊严的可能。我有时候会暗想，他这么优越，这么高傲，会不会被人暗算，总会替岳不群隐隐担心。一开始阅读的时候，我会觉得岳不群是一位傲视群雄，不屑于江湖龌龊的君子，根本就蔑视什么江湖排行榜之类的，从不参与世俗的争斗，但他的武功和声誉依然如日中天，虽不与人争，但无人能比，这看起来就是一个非常完美的形象。

但是作者金庸先生非常有意思，他会用艺术的手法对人生做深刻的调侃。在故事中，随着岁月的流逝，出现一些奇怪的现象。岳先生的声音变得越来越尖细了，胡子也越来越稀少了，也有人发现岳不群的行为越来越怪异了。直到一次武林功夫大比拼中，有懂行的人发现，岳不群竟然使的是"辟邪剑法"。"辟邪剑法"在江湖上已经失传多年，传说是《葵花宝典》里的一套剑法。《葵花宝典》为武林邪派所拥有，是江湖上各路人士苦苦寻觅的武功秘籍，原来表面上看起来不屑于江湖争斗的"君子剑"岳不群，暗地里竟然已经得到并修炼了邪派的功夫。

传说《葵花宝典》的前言有一句："欲练此功，必先自宫。"原来，岳不群在其清高、桀骜、不屑于江湖虚名的背后，隐藏着一颗超乎寻常的勃勃野心，为达到天下武功第一，已自宫久矣。

> 所谓的"君子剑"岂不是"伪君子"？所谓的"伪君子"就是以自己内心理想化的完美标准和自以为是的方式，做一个符合他人赞扬、符合环境要求的好人，是为了得到别人的喝彩，是虚假的自我功能。这种人内心充满着原始的、理想化的、自大的需求。这种需求如此强烈，以至于为了达到这种自恋的无所不能的需求，可以使一个人忍受自我牺牲的代价。

现代人的价值观不太赞赏以自我牺牲的方式追求理想化自恋的满足，认为这是不健康的。有一个段子调侃的就是这种行为：某人历尽千辛万苦，得到一武功秘籍，无比激动，觉得自己马上可以照此学习，练成绝世不二的武功，横行天下。他迫不及待翻开第一页，看到一行大字赫然入目："欲练此功，必先自宫。"此人练功心切，二话不说，挥刀"咔嚓"一下自宫了。准备接着往下练，翻开第二页又是一行字："如果自宫，未必成功。"太不靠谱了，这真是绝大的讽刺！

俗话说：回回都上当，当当都一样。为什么当当都一样呢？不是因为敌人太狡猾，而是自己的心太狂妄。所以说自我理想化的需要有时候会让个体遭受重创，这种重创也许带来的不是生理上的伤害，而是心理上的受伤，遭受自我阉割的挫折。

现实中的阉割："夹着尾巴做人"

现实中可能会有类似主动"自宫"的情形，正如古语云："吃得苦中苦，方为人上人。"比如韩信乞食漂母，受胯下之辱。能够受胯下之辱的人一定能干成大事情，因为他具有超强的自我忍耐能力。越王勾践"问疾尝粪"，假意表示对吴王夫差的忠诚。韩信、勾践这些人都是在忍耐精神上的暂时阉割，图谋抱负。他们虽然在生理上没有遭到阉割，但行为上象征性的说法就是"夹着尾巴做人"，只是这"尾巴"是夹起来的，并没有被剃掉。可是他们忍耐精神上的暂时阉割到底图什么呢？图的就是韬光养晦，东山再起。对于一个内心极其强大、有极强目的性的人来说，要能屈能伸，用《白鹿原》里的一句话来说就是"心上要插得住刀子"。他为之付出的一切在他看来可能不是"屈辱"，这是一种升华的能力，一种高功能的防御机制。

你"打孩子"了吗？——借助阉割焦虑的处理原则拿捏分寸

俗话说"十年树木，百年树人"，意味着帮助孩子的成长是一个漫长的人生工程，父母对待孩子，既要给予充分的鼓励、支持，也要做到恰当的约束和管教。这个分寸的拿捏，也可以借助阉割焦虑的处理原则。

父母对孩子没有做好禁忌要求，说白了就是"缺少家教"。古人说"养儿不教父之过"，但是在家庭教育中，有时候可能会出现"你教育我不听，有钱难买我愿意"的情况。这个时候管教孩子的人怎么办？管孩子的分寸怎么掌握？善意温和是否都能见效？有时候不是的，有些孩子专门挑战家长的底线，总是让你难受，不断让你操心。这就是家庭教育中经常出现的困境。

关于管教孩子的分寸问题，孩子能不能打，该不该打，敢不敢打，大家可能都很疑惑。有时候真的打了以后会怎么样？就行为而论肯定是不能打孩子的，但是对孩子很好的父母，情急之下也会打孩子。关键是看你打孩子要达到什么样的目的，内在的动机是什么，这很重要。

有些人是不能打孩子的。什么样的人不能打孩子呢？打孩子撒气的人。

要明确告诉他们不能打孩子。这样的人打孩子是在满足自己情绪的宣泄，而孩子就是一个受害者。

但是如果打孩子是坚定、清晰、明确的，甚至不惜冲突来告诉孩子边界在哪里，这样打孩子是可以理解的。因为这样的父母在打孩子的时候，他们内在的态度不是恨孩子，不是否定孩子，不是嫌弃孩子，而是充满了对孩子的爱惜，对孩子的保护。比如说这个孩子有事没事就在那儿翻高楼的窗户，骑着楼梯的扶手一节一节往下滑，父母看见这样的情景，情急之下打了孩子，就属于这种情况。是否可以打孩子这个问题背后主要看你自己持什么样的内在态度，是不是一种成熟的心理状态。

我们从孩子这一方面来看，有些孩子即便是父母打了他，以后他记忆中还是没有被打过，这就是人们常说的"亲不见怪"。因为孩子感受到父母态度的基调是爱，是包容的，是为了保护他免遭不测，所以孩子记不住父母打过他，他记住的都是父母对他的好。

对于另一些孩子来讲，即便是父母没打过他，他也会认为父母打了他。在咨询治疗中及生活中，经常有人鼻涕一把泪一把控诉父母如何对他不好，怎么打他了，怎么虐待他了，听上去简直就不是亲生父母所为，但是当治疗师或其他关心这个孩子的人把他的父母叫来，他们就会发现情况根本就不是那么回事。他的父母为他操心、担忧、恐慌，但是没有效果，父母的好心被当作了驴肝肺。这说明什么？父母遇到了一个"没良心"的孩子。这个"没良心"的孩子父母也不能怪罪他，因为在他的内在世界，充满的就是被客体虐待、拒绝、伤害的体验。这就是说，面对同样的情景，我们要从两面看，从不同的维度去理解。

果真遇到了这样抱怨的、声讨的，甚至说自己不是父母亲生的孩子时，作为治疗师也罢，作为父母也罢，要加倍小心，说话时可不要轻易"得罪"

他，因为容易引发治疗关系中的负性移情，造成早期治疗关系的不稳定。而对那些老记不住被妈妈打过的孩子，对他开开玩笑问题不大。有些从小被妈妈打得很皮实的孩子，见了妈妈依然还是很亲的。有些就不行，妈妈其实也没怎么打过他，他见了妈妈却很生分。

父母作为在孩子成长中的重要的客体、陪伴者，是帮助孩子建立内心规则的人，孩子需要内化父母的一些规则。父母对待孩子的方式、态度实际上是很复杂的，产生的效果也不是单一的行为本身所能界定的。

07

超我：成就一生的自我管束能力
来自俄狄浦斯情结

根据弗洛伊德的理论，超我、本我、自我形成了一个人心理内在的功能化模块结构，这三个模块之间有冲突、协调、和解的动态关系。

超我在形成和发展过程中，有一个恰当和不恰当的问题。有时候超我可能是发展过度了，变得过分严苛；有时候超我又可能变成弱化、毫无节制的力量。比较恰当的超我是温和而有力的，起到阻止、限制、禁忌的作用，同时也体现出保护的作用。超我对于心理结构来说必不可少，是一个重要的成分。

严苛的超我，可能让我们的内心感到恐惧，甚至会带来毁灭和侵犯的幻想，需要通过心理治疗来解决。早期的神经症患者中，大部分可能就是因为他们内心那个严苛的超我带来的焦虑。但是时代在变化，神经症是与社会文化相关的心理冲突障碍，现代社会的神经症有时候可能不是因为超我太严苛，而是因为超我太弱化带来了焦虑。

超我形成过程中有四大部分在起作用：第一是阉割焦虑作为内心超我的雏形；第二是内化了的父母的禁忌，即父母对我们的要求、拒绝、禁忌等；第三是来自于社会的规则，包括道德、法律、纪律和习俗，即维持社会秩序必须遵从的那些规则；第四是自我的理想化需要，它会成为自己内心自愿、自觉去追寻的榜样和遵守的规则。

阉割焦虑作为超我的雏形

本我赤裸裸的需要，是需要用超我来对抗的，阉割焦虑就是建立超我功能的雏形。有了阉割焦虑，使得内心有所敬畏和顾忌，知道有所不为，这将会成为内心超我的功能。超我一旦形成，就会阻碍、阻止，甚至惩罚、压制本我。超我的惩戒作用也可能针对自我。

被内化的父母禁忌

关于来自"父母的禁忌"，我在前面加了两个字"内化"，即父母给予孩子的种种"不被允许"的信号、态度、要求，都能够润物无声地、潜移默化地传递给孩子，孩子能够吸收和汲取，甚至"照单全收"。所以，父母的态度决定了孩子在内心深处对自己行为的规矩、边界、要求、禁忌的认知。而这认知一旦确立，他会自觉不自觉地恪守、履行、自我遵循。

由此可见，爱孩子不等于对孩子没有要求和约束，爱孩子是边界内的包容，底线上的接纳。因为假如容器没有边界，对于未成形状的内置物品，不是稀烂得再无法成型，就是漫溢到不可控制，这对孩子内在形成稳定的自体表象是非常不利的。

"一点都委屈不得"的孩子，在父母的各种默许，甚至"赞赏"下，越来越大胆，越来越无度，直至把自己送进监狱。这样的故事，从古至今一直在上演。"惯子如杀子"，一旦让孩子内心欲望的无度积习难改，积重难返，将是灾难，而且不可逆。无论父母在怎样的条件下养育孩子，都要记得给孩子适当的困难、挫折和缺少；用得当的纪律、秩序和规范，帮助孩子建立内心的边界、禁忌，这才是健康而科学的。

众所周知，2016 年，北京野生动物园"饿虎食人"中，那个被老虎食咬的人，在野生动物的地盘上，在专门不必喂饱的老虎的"居住区"，随意下车，任性游走。全然不守游园规则、完全不顾游园警告。结果导致妈妈为了保护她而挺身"喂"虎。作为从业数十年的心理科医生，我对此也会惶恐，也会纳闷：到底是什么样的人格心理结构能做出这样匪夷所思的举动？——和野兽之王的老虎叫板，比拼？！——还是在用生命试验自己的运气、好命？！……是什么动力能让一个人这样毫无禁忌，不虑深浅，在一个老虎出没的地方，任性恣意地释放本我，毫无禁忌地表达个性？害人害己……这可能就是从小在内心没有深藏规矩、界限、敬畏的土壤，没有种下约束、节制、克己的种子，当然成人后，一定开不出馨香满园、美丽怡人的花朵。

社会准则

社会的准则可能会以不同的强度体现在方方面面。最常规的、自律的要求，会体现在我们的道德和伦理上。这些道德和伦理形成了一个约定俗成的、在潜意识里共同接受和认可的规矩，它以习俗的形式保留下来。有时候我们所说的良好的修养、懂得人情世故实际上就体现了道德伦理的习俗规则。道德和伦理是稍高一点的超我要求，它是一个让人自觉自愿去遵守的规则。

比道德稍微低一级的要求，就是更严一点的规则，就会体现在明文规定的、意识化的、并且被组织原则强调的纪律、条例、规范、规矩。这些东西是作为一个团体所明确规定的、意识化的、清晰要求的。这个超我的要求就比道德伦理的要求底线水准降低了一些。

如果纪律、条例、规矩、规范都管不住一个人，他还要越界，最后就得有个超我的底线，这个底线就是法律。这时候人情世故就不起作用了，人情世故只在道德伦理层面起作用，到法律面前人人平等，法不容情，这时候法律就成了坚定严格的底线。

在社会层面超我的内涵，是保证社会群体之中，人与人之间关系秩序的基础。一个社会对这一部分有相对一致的认同，这个社会的冲突就会减少，因为大家的超我都会在潜移默化中遵守共同的规则。超我有一部分是在潜意识水平上的，如果大部分人都缺乏一致性的认同，这个社会的秩序会大乱。

在我国经济社会快速发展的过程中，不可避免地出现了这样那样的问题，就是因为大家共同遵守、认同的道德秩序的基础混乱了。过去道德伦理的基础，是建立在当时的社会组织形态和人们居住模式基础上的。过去的人们是以村落为单位聚居，形成了一个所谓农耕文明的社会秩序和伦理准则。现在大量人口都离开了本乡本土，涌入城市，失去了统一约束的结构基础。过去的伦理、道德、秩序，在这种混乱的、不断变化的环境里就不起作用了。

自我理想化

超我的第四个部分，就是自我理想化的需要。每一个人在自我成长的过程中，都有一个想成为什么样的自己的期望，这种潜意识的需要就是自我理

116

想化。这个自我理想化如果要实现，就不能停留在原始的幻想状态中，需要从幻想的无所不能变成在现实条件约束之下的一个生活实现、一个有条件的满足和实现。为了有条件地实现自己的理想化，人就要适当屈就，就要隐忍，就要吃亏受罪。当然这个吃亏不是被人欺负的吃亏，而是一个自己有所图的延迟满足。"要想人前显贵，就得人后受罪。"往往那个人前显贵，是自己觉得我实现了自我理想化，并引以为豪，能够得到别人尊重的感觉。

如果为了获得别人的尊重，为了让自己自豪、满足，采取狂妄自大的方式，那是自恋性障碍。而适应环境、社会、人际关系所给的条件要求，做出自己的行为、修养、思想的境界等等才是真实的自尊和自信。这个适应条件要求的过程，是一个较为辛苦的内在修行过程，需要吃点苦、受点罪。

超我的这几个部分在内心的成分比例是变化的，是一个流动的状态。一个人的超我，在不同的环境和不同的人际关系里，才能体现出来不同的部分。如果个人内在的这几个部分是僵化的，就可能会是一个貌似看着挺好的、挺规矩的人，但是自己会过得不轻松、不活泛。

突围俄狄浦斯情结，与乱伦的幻想和解

俄狄浦斯期还有一个重要话题：乱伦。

这个话题说起来比较费劲，原因是对人心灵深处的体验进行理解和解读，是一个强大的挑战。这种对内心体验的理解和解读更多是在情感的潜意识深处进行梳理。因为潜意识深处不太容易浮现到意识层面，不符合意识化之后语言的逻辑，描述起来不容易。但是研究潜意识心理学最重要的一个工作就是探知那些在内心深处起作用的、干扰的、影响的，甚至是主宰的潜意识行为因素，所以这是一个必须面对的话题。它梳理起来有难度，不在于难

以理解，而在于需要深刻地沉浸在内心体验之中，这就需要有承受心理煎熬的能力。因为乱伦关系是不合伦常的现象，这种现象既有行为层面的，也有幻想层面的。我们要理解这个现象，需要更多地理解和研究幻想层面的内心状态。

个体作为生理人和心理人，都有生命最基本的反应，就是性兴奋和性驱力。性兴奋和性驱力的发生会引起内心的欲望，欲望的发生进而产生出内心许许多多的幻想。这种幻想在现实中有时候是允许的，有时候是不允许的，比如"乱伦幻想"就是禁忌。作为心理发展过程中的一种现象，"乱伦幻想"是可以被修通，得以解决的。如果内心的"乱伦幻想"没有处理好，就会引起内心的冲突，这种冲突会被外化，引起外在的反应，形成神经症的各种症状。

占有和被占有

欲望得到满足，可以通过占有客体，与对方接近，肌肤相亲、拥抱、融为一体、身体相交的方式；也可以通过被所爱的客体占有获得满足。在俄狄浦斯期初始阶段，即三到四岁这个阶段，这种内驱力可以通过占有客体或者被客体占有，而与客体发生联系，进而得到心理满足的方式来实现。这个客体存在于离自己最亲近的人身上，这种情况往往发生在家庭内部，孩子对异性父母产生欲望，使得自己的幻想得到满足，因此便与同性父母构成竞争关系。这样一来，内驱力的另一部分，攻击驱力就会指向同性父母，表现为竞争、破坏、排他。"占有"和"被占有"的幻想也可以发生在与同性的父母之间。这都是欲望所求，就是要跟作为客体的父母发生联结，获得欲望的兴奋和满足。

但是这个联结关系的发生无法在现实中得到满足，所以就在内心深处一直徘徊、演绎、不断重播而形成幻想。"占有"幻想会表现在想要与异性父母接近、亲密、拥有、融入，甚至交合等，这些幻想因为是针对自己父母的，所以是一种乱伦幻想。乱伦幻想究竟只是说说而已还是确实就有，一般很难下结论。

O 先生，在读高一。强迫症，以强迫洗涤、检查、缓慢等症状为主。从初二开始，家人发现 O 上厕所或洗澡时间非常长，以致影响到学习，且越来越严重。药物治疗患者不愿依从。心理治疗中了解到 O 家是在经济不是很发达，文化教育水平不是很高的中部地区，而这个家庭的经济情况很好，父母为了让孩子得到良好的教育，就在上海买了房子，让孩子在上海上私立学校。妈妈为了孩子的教育，自己辞职，全职在沪陪读。爸爸继续在原籍经营事业，与妻子常年两地分居。这个妈妈年轻漂亮、身体健康、受过高等教育，因为自己已经辞职，全部的精力和成就体现在培养孩子上，所以照顾孩子格外精心。但是孩子感到并不轻松自在，家里只有母子两人，母子间的冲突严重，情绪的张力非常大。妈妈为了孩子的学习成绩很焦虑，每天督促孩子，细枝末节无微不至。结果管得越多，孩子的症状越严重。治疗师建议妈妈暂时不要照管孩子了，而让爸爸来照管。他们听了治疗师的建议，发现只要爸爸来了，孩子的症状就明显减轻。

后来进一步商议，夫妻俩换班，让妈妈去上班，爸爸来陪读。如果爸爸忙，让孩子一个人尝试待一段时间。结果发现妈妈离得越远，孩子症状越轻，尤其是每天洗澡、洗手、如厕的时间大大缩短。高考离家住校之后症状更是明显好转。

这个个案间接说明处在占有和被占有幻想中的孩子的内心是非常冲突

的，以至于这种冲突造成的焦虑无法缓解，外化成为症状。

诱惑和被诱惑的幻想

诱惑和被诱惑的幻想，经常是以被诱惑的结果出现，或者被诱惑的前面有孩子自身欲望需要满足发出的诱惑。这种"发出诱惑"导致进一步被他人"诱惑"，又会让孩子产生非常强烈的恐惧和害怕。这个幻想也是很折磨人的。

一般来说，人因为正常的性发育会有欲望，如果恰好有合适的对象，通过恰当的与异性的交往方式，就可以一定程度满足欲望，使得内驱力的张力得到缓解。但临床上会看到一种现象：有些人在性关系方面很别扭，比如常见的没有生理原因的"性冷淡"现象。

P女士，三十多岁，未婚，长相、工作、经济条件都很好，一直很招异性喜欢，但她总是选择和年长的已婚男性保持婚外恋。当问她在这种关系中图什么的时候，她说她更多的是喜欢享受亲昵的拥抱、抚摸、肌肤相亲的感觉，对性交一点都没有兴趣。她也不愿意跟对方进一步发展成婚姻关系，时间长了对方也很受挫，只好离她而去。这让她自己也很难以理解。

进一步了解发现，在她小的时候，家里的人际关系界限就不是很清楚。她生长在南方地区，夏季非常炎热，父母在家穿得非常暴露。爸爸有时就穿一条小三角内裤，妈妈也只穿内衣内裤，还总让孩子不要穿太多衣服，就穿内衣内裤就行。当孩子进入青春期的时候，在家就会感到非常尴尬，因为身体的发育、性的萌动，让孩子很难受。她不敢看爸爸的身体，一想到这些就把自己的眼睛闭上。以至于以后就锻炼出一种能力——即非常容易把自己的性欲望彻底压抑掉，让自己变成"性冷淡"。而这样的"性冷淡"决然不是生理性的，纯属心理性的，这样的"性冷淡"，完全是为了抵御"性的被诱惑"而发展出来的一部分自我功能的反应，且不断被强化。需要明确的是，这并不是没有性的需要。这种性欲望的需要没有通过性器官直接接触的方式满足，而是希望通过亲昵拥抱、肌肤相亲来得到满足。

幻想里的"占有""诱惑"和"被诱惑"在内心想象里，不构成行为是无罪的，但是却经常被当事人自己"诛心"，因此来惩罚自己，这就造成幻想念头除不掉，自己良心受不了，导致翻来覆去的冲突。

但是这种幻想有时候会通过各种各样的因素冲破现实的伦理边界、禁忌而越轨，一旦行为上越轨就犯错了。乱伦是一种不为人伦所允许的性行为关系，是被严格禁止的。但是行为的禁止没有办法杜绝一个人的幻想。现实中也会有乱伦的现象，这都是家庭内部摆不上桌面的、隐秘的话题，是家庭的丑闻，往往都是被掩盖、被忽略、被隐藏的，但它会对人产生很大的影响，造成心理创伤反应。

某女，高中生。来诊时情绪波动，强烈的冲动、自残、自杀行为，本次因自杀未遂，经急诊抢救后心理会诊。来诊时家人非常紧张，手足无措。家属没有主动向医生介绍病情。医生通过对病人安抚、陪伴、接纳、共情等几次治疗之后，才知道事情的来龙去脉。原来两个月前患者的母亲得了急病突然去世，孩子陷入很严重的恐慌、悲伤、抑郁、痛苦中。爸爸也在忍受着巨大悲痛的同时想各种办法来安抚她，但是仍然难以奏效。不幸的是两周前，父女间神差鬼使地发生了乱伦。事后爸爸也很自责、痛苦，孩子情绪更加难以控制，冲动、自杀。当人在失去重要的亲人，处于最严重的心理危机时，在严重的心理应激反应下，就会激发人对客体丧失的强烈焦虑，对得到与亲密客体的联结有强烈的渴望，在应激状态之下心理功能退行，个人可能就会失去心理上部分现实功能。当个人性格深处心理发展不足，内驱力发展没有达到去性化的能力，亲人之间就可能发生不该发生的事情。

从心理治疗的角度看待，各种各样现象的出现，都需要用一种慈悲的、不评判的态度去探讨。如果我们自身对这件事情有强烈的对错、好坏的评判，就很难与这种现象工作，难以帮助患者。

消失幻想

"毁灭的欲望"一般都是指向同性父母，希望他（她）消失、别来、走远，这就是"弑父（母）"的幻想。在心理发展过程中如果处理得好，就能跟同性父母达成和解；如果处理不好就留下心结，在以后的人际关系中，总会看父母不满意，看领导不顺眼，觉得领导不好、不合格、不称职，希望领导赶紧下台，让开位子。实际上人家领导的位置也是通过自己的努力付出获得的，你想让人家让开，可能是你想让权威的父母、竞争对手消失的幻想而已。

在现实中就会看到，有些人想让竞争对手消失的幻想也会以"推翻领导，取而代之"的方式表现；对于比较厚道的人而言，他的"消失幻想"可能通过自己主动选择"离开"的方式表现。这些人不能在家乡成功，要远离家乡，所谓"在家是只虫，出门是条龙"。在外面跟前辈竞争的张力就减轻了，可以更好地发挥自己的能力。有一种社会现象，在熟人圈子里是君子，在陌生环境中就变得不讲规矩、行为越界，也是类似的原理。

乱伦冲突化解之道

乱伦是一种现象，也是在内心深处对关系的幻想，是由欲望导致的。这些幻想是不是就永远在那里生生不息呢？如何让这些不成熟的心理冲突得以缓解呢？正常的心理发展过程中，随着俄狄浦斯期关系的发展，自我功能的强化，欲望得到驯化，从而穿越、突围俄狄浦斯情结。

突围方式之一，把欲望的需要从占有、诱惑或者毁灭转化成深深的情感模式，或者说从赤裸裸的、直白的模式转换成修饰过的模式。

突围方式之二，通过阉割焦虑和内疚感的产生，使得人格结构中超我力量出现，对本我进行一定程度的抗衡约束。

突围方式之三，在二元关系中，孩子和母亲关系紧密，欲望不容易被驯化，父亲角色的出现，将二元关系变成三角关系的过程，对一个人心理能力的发展很有帮助。

这三种途径使得俄狄浦斯冲突张力缓解，将乱伦的幻想需要沉入潜意识中，使其得到和解。

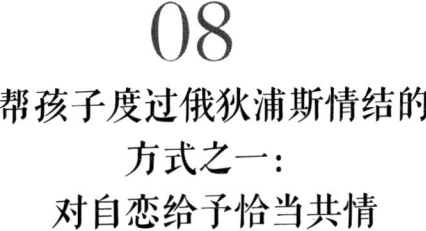

08
帮孩子度过俄狄浦斯情结的
方式之一：
对自恋给予恰当共情

自恋是一个与自我感受相关的心理主题，它涉及一个人的自尊、自信、自我一致性，是每个人心理上必修的主题，是必然要发展、完成的主题。每个人都需要发展出自己健康的自恋，一旦自恋在心理成长的过程中受挫，将会导致人格上病理性自恋的发生。自恋这个主题会贯穿人的一生，口欲期、肛欲期、俄狄浦斯期、青春期以及之后的每个时期，人们都要处理自恋的问题。不同时期自恋表现的特征、重点不一样。在俄狄浦斯期表现的是胆怯、害羞、不敢认可自己、不敢自豪。象征意义上就犹如不敢认可、不敢自豪自己的阳具。当阳具被肯定、被赞赏的时候，就可以感受到拥有个人骄傲、自信和自尊的权力。相反，如果一个人没有被父母肯定、赞赏，或者被他们限制、剥夺了成长的权利，处于一种过度共生的状态，个体的自恋发展就会严重受阻，无法顺利度过俄狄浦斯情结。

从一个人自恋发展的维度上看，俄狄浦斯情结一直存在着让人对自我价值心存疑惑的心理冲突，解决这个冲突的重要策略在于父母需要对孩子的自恋给予恰当的共情，扮演好一个理想化的自体客体。这样会帮助孩子度过充满冲突的俄狄浦斯期。

孩子的内心冲突需要被共情

父母在养育孩子的过程中，如果对孩子内心感受上所有的内容都能够中立地共情到，这个孩子的心理发展就会顺畅。孩子内心的好—坏、爱—恨、欲望—诱惑、安全—迫害、攻击—报复、胜利—内疚、亲密—分离这些情感都是配对出现的，父母在共情的时候需要两种情感都能体会到。当父母在某一种情景中共情到孩子时，他就会感觉到安全、温暖、喜爱、接纳、满足等等。

但非常遗憾，由于父母自身的角色和情感、愿望、需要等局限性，导致他们不能完全超越自身的限制来感受和理解孩子的处境，共情时无法一碗水端平，父母所做出的反应或多或少会带有自己的需要或情感态度，甚至会受此时此地、此情此景中各种各样外在因素的影响。这样，孩子就会一定程度上承受不被共情，甚至是处在被他人要求、自己被他人需要的处境中，而不是完全地被当成一个居于中心地位的主体来对待。他难免感受到委屈、抱怨、失望和愤怒。

不含诱惑的深情，没有敌意的拒绝

科胡特给出的一个原则性的解决方案是：（异性别的父母）不含诱惑的深情、（同性别的父母）没有敌意的拒绝。这个方案可以指导父母对待孩子的态度，帮助孩子顺利度过俄狄浦斯期，这是父母双方均可遵循的原则。

对于异性父母，要做到不含诱惑的深情——既有深情，又有一定的界限。比如说孩子大了，最好不要让异性的父母给孩子洗澡。父母可能很满足，但对孩子来说很受煎熬，他的欲望要求会因这种情景被激活，就成了诱惑的情景，内心是很焦虑、遭罪的。

那么对于同性的父母来讲，要做到没有敌意的拒绝——作为父母需要给孩子立规则、讲界限。但是这个规则、这个界限是用以限定孩子的行为方式的，而不是说因为他是一个坏蛋，因为他不可爱，所以他得给我滚远，别往我跟前凑。如果是这样的态度，那就是含有敌意了，这里面就部分包含着对于孩子这个人本身的一种偏见、一种拒绝的态度。教育孩子的时候要就事论事，不管他做得好还是做得不好，我们都要清楚地告诉他在这件事情上的这种行为、这种做法不对，需要注意、需要改进，甚至有时候还需要接受惩罚。但是这并不意味着他就是一个坏蛋、不值得爱，他还一如既往地是爸爸妈妈的好宝贝，这就叫没有敌意的拒绝。

"不含诱惑的深情，没有敌意的拒绝"可能会被看作是异性父母或者同性父母分别对待孩子的态度，但我个人觉得作为父母对于儿女，并不是说只有异性的父母需要不含诱惑的深情，只有同性的父母需要没有敌意的拒绝。其实不管是异性的父母还是同性的父母，你承担着父母角色的时候，这两种态度都应该有。作为父母，你在对待儿子、女儿的时候，这个基本的原则是一致的。我们所说的诱惑和敌意、边界和规则等等，在为人做事的原则和行为方面都存在。

科胡特给了这么一个听起来是多么简单明了的解决方案，但是操作起来却又何其的困难啊！看看《白鹿原》你就知道了。

《白鹿原》里的白嘉轩在养育子女的过程中，对孩子不同的态度与每个孩子以后的性格形成，以及孩子人生命运的轨迹和归宿有很大的关系。白嘉轩对儿子孝文从小到大，一直以一种非常严厉、苛刻的态度要求。孝文是在看他父亲的脸色、揣摩别人的需要中长大的。孝文在一开始也有天真的孩子气，长大了也有自己独自担当的需要，当看到兆海、兆鹏、白灵都上学去了，黑娃也跑出去打工了，他的弟弟孝武也被父亲派到外面做生意了，他觉得很委屈，去跟父亲讲："我也想出去。为什么他们都出去了？"但是白嘉轩神情庄重、一脸严肃、目光犀利地瞪着他，说让他好好伺候庄稼，磨磨性子。并且有一次白嘉轩回家生气地对媳妇仙草说："你把那个圣人给我叫出来，我要给他说说。"这语气里分明是带有一种对儿子的嘲弄、挖苦、不屑的态度。

白嘉轩教训儿子说："我为什么尊重你姑父？你姑父不但知书，而且知事。知道我们塬上人心里是怎么想的，日子是怎么过的。"言下之意是，儿子就是读了一些书，但不懂人情世故，做人做得不好。所以孝文一开始是努力地适应族法的规则，讨好父亲的期待，满足大家的要求。但是到了后来，当他被小娥诱惑以后，就会变得自虐，破罐子破摔。这种自虐和破罐子破摔显然就是孝文被动攻击的方式，以此来抗争、报复、攻击自己的父亲。几乎在白嘉轩与孝文的每一次冲突情景中，都没有看到父亲的宽容和赞赏。从剧中白嘉轩的眼神中，一直能看见那个价值观很坚定、自我身份很清晰的族长，自尊心很强。但是从他对儿子的眼神中看到的，一直都是失望、不满、期待。那个眼神中没有欣赏、赞赏，也没有怜惜、爱惜。所以我看到这个情景的时候感到悲哀。

在这样一个曲曲折折的成长过程中，孝文的成长和身份转换是第三代中最坎坷的。开始他是一个乖孩子，是被作为年轻的族长培养的；后来他叛逆了，自暴自弃了；最后他又一次回归到对主流社会的认同，回归到体制内，当了保安团长，做了公差。这就是这个人最终的归宿，这个归宿恰恰说明了孝文内在的复杂、矛盾冲突的转换。我推测孝文这样的性格在任何一个角色上，做任何事情，做一个生活中的人时，他都无法意志坚定，信仰忠诚。因为他的自我认同一直是随着环境的潮流而波澜起伏的，是一种动荡的状态。当经历了数十年的艰难坎坷之后，孝文终于再次完成了对主流社会的认同，自己回归到传统主流的体制内，似乎才确立了自己的身份定位。

白嘉轩这个人很有意思。他堂堂正正、一身正气、坚守原则。对儿子、对族人，都是法不容情。以至于因为腰杆子太硬被土匪黑娃一竿子打折之后，仍然顽强地让人用轮椅推着自己，挺直腰板在村子的戏台前亮相。黑娃觉得他腰杆子太硬了，你站得直、行得正、边界太僵硬，使得我们活着都碰壁、受挫折、不舒服。可白嘉轩却偏偏要硬到底。

可他在对待女儿灵灵的态度上却截然相反。当女儿出生的时候他就充满期盼、渴望、怜惜。当这个孩子被狼叼走的时候，他发了疯似地和黑娃他们去追，不顾一切地把孩子从狼嘴里救了回来。当这个孩子小的时候，他一反过去对待儿子孝文、孝武严厉管教的方式，宠爱到了溺爱的程度，从小让她枕着自己的胸膛睡觉。以至于这个孩子长得很大了还跟父母睡一张炕上，晚上睡不着还得拉着她父亲的手才能睡着。白嘉轩的母亲为了保持传统想给小孙女缠脚，孩子不乐意，嫌疼。在这个时候，白嘉轩这个执法如山的族长因为爱惜女儿，却放弃了坚持祖宗家法的原则，不缠就不缠，总是替孩子挡着、护着，不让给女儿缠脚。当这个小女孩长大的时候，他也完全地满足她的所有愿望，想上学就上学，不但在村里上学，而且还嫌塬上太小了，要到城里上学。以至把白灵培养得性格倔强，任性率真，敢于抗婚，能对父母以死相逼，离家出走。当白灵到省城去上学的时候也是个性张扬，政治主见鲜明，反官反贪，闹得鸡飞狗跳，白嘉轩最后也都默许了。当女儿离家出走，一个人上路的时候，他又一个人悄悄地跟在后边，赶着车去送孩子。他就是不愿意委屈他的女儿。所以这个女儿无论多么任性淘气、违逆出格，他都无条件接纳。在父亲的呵护下，白灵跟个精灵一样，自我意识特别强，主见也很强，变得敢作敢为，无所畏惧。以至于她在任何地方，小到塬上的学堂，大到省城的学校，后来到社会活动中，成了一位反抗封建礼教，立志投身革命洪流的女英雄形象。真是自幼嫌塬小，长大恨天低，都是她父亲把娃给惯大的。

在这个过程中白嘉轩每次看女儿的眼神中处处透着爱惜、欣赏与包容，舍不得委屈她、教训她、惩罚她。最后白灵因为参加革命牺牲了。当这个消息传回塬上的头天晚上，白嘉轩梦见一只白鹿向西跑过去，不说话，在看他。白嘉轩心里很困惑，找姐夫朱先生解梦，朱先生卜了一卦，说你家灵灵不在了。这时候我们看到一生坚强的白嘉轩，难得一见地放声痛哭。自责道："是大把我娃害了，是我把娃送到白鹿原外面去了。"

我们看到即便像白嘉轩这样一个带着传统悲壮色彩的英雄，一个心理能量如此强大的男人，一个心智化功能很高的明白人，他在对待儿女的这些问题上，依然难以免俗，难以超越自己角色的局限性。

作为父母，肯定不愿意委屈孩子，更不想害了孩子，我们总想去帮助孩子。但是我们在帮助孩子、养育孩子的时候，甚至在用心努力去做的时候，其实我们自己是有盲区的，是会"灯下黑"的。就像白嘉轩看全村的事情清清如水，但是到自己的事情上，却看不见了。一个人在成长的过程中，要度过自己的俄狄浦斯期，能够得到一个恰如其分的共情客体的养育、陪伴，是多么的珍贵，多么的不容易。

一次修通俄狄浦斯情结的亲身经历

如果一个人有俄狄浦斯情结的冲突，是否就永远不可化解呢？不是，这些经验、冲突会借由精神分析的治疗过程得到修复。这种带有自恋，被保护、被呵护、被修通的俄狄浦斯情结，我自己就有过强烈的体验，与大家分享。这是一个象征意义很强的俄狄浦斯冲突的经历。

我当初学精神分析时如痴如醉，非常坚决地想去做标准的、完整的、原汁原味的精神分析的体验。当时在国内找不到能够帮助我做分析的成熟的分析师，所以我就想方设法，渴望去国外寻找。正在苦苦寻觅的时候，我接到了当时德中心理治疗研究院德方主席 Alf Gerlach 的一封电子邮件。他在邮件中说："中德班的德方教员每年有一个会议，在这个会议上我们对中德班的发展有一个设想，想培养几个年轻的、有条件的骨干苗子作为今后中方的教员。我们考虑到可以帮助你来德国学习，你有没有愿望啊？"我一看欣喜若狂，终于有了这样一个机会。经过后来曲曲折折、坚持不懈的努力，我终于获得了德意志学术交流中心的资助，去德国做精神分析的自我体验和学习。

我申请的是在法兰克福圣灵医院心身医学科跟随 Dr.Wolfgang Markler 做进修访问学者，每周有空就去法兰克福弗洛伊德研究所找老师 Dr Tomas Pleankers 督导案例。在医院里我每天除了跟着医生们上下班之外，最重要的任务和目的是去 Dr Hermaan Schultz 的私人工作室做精神分析的自我体验，每周安排三次，而且是躺椅式的。很奇怪的是，第一周去了三次，到周五结束的时候，我莫名其妙地有一种强烈的拒绝感，不想去见我的分析师了。

我不知道为什么，就给在法兰克福的一位老师 Prof Matthias Elzer 打电话求助。我刚问了一句："你明天有没有事儿啊？"这位老师马上就接过话来说："明天没事儿，带你去法兰克福玩。"约好时间，没容我多说，电话就挂了。我立刻就感觉到他真是很厉害，我还没说他就共情到我的需要了。第二天他带着我整个城市到处转，博物馆、交易所、歌剧院、展览厅、小酒馆，逛了整整一天。我数次想开口跟他讲不想去分析师那里了，我想换人，他能不能帮我另找一个人。每当我刚想开口的时候，他就把话题岔开了。当夕阳西下，就要分手时，我望着美茵河对岸在冬日夕阳映衬之下大教堂的剪影，内心一阵孤独，实在不得不说了："我有句话要跟你讲。"他用那么温柔的目光看着我，温和而又很坚决地说了一句话："有任何话都去跟你的分析师讲。"当他说完这句话，我看他目光里充满着关注，他的语调很柔和，笑眯眯，又很郑重。我吸了一口气，攥紧拳头，一跺脚："行，你回吧，我自己解决！"他看着我笑了笑说："那我走了。"

下周一开始，我就跟分析师讲："我今天本来不想来了。我跟 Matthias 讲，想让他帮我换人，他好像猜出我的意思，让我有什么话都跟你讲，我想这或许是个机会吧，我想坦诚地跟你说。"

分析师非常诧异："咱们上周不是聊得挺好吗？我有哪儿做得不对吗？"

我说："我说不上你哪儿做得不对。"

他问："你哪儿不舒服吗？"

我说："说不上来哪儿不舒服，就是有个强烈的感觉，不想见你，不想来了。"

他说："那咱们一起来找找原因。"

我说："好！"

我躺在躺椅上，辗转反侧，自言自语，一会儿咕哝英语，一会儿咕哝德语，一会儿咕哝汉语。他好像都能听得懂，但整个五十分钟也没找出原因。我下了床，站起来，穿好大衣，戴上手套，准备出门时，手搭在门把手上，刚往下一压，我停住了。回头跟他说："我告诉你，我明白了，我知道我为什么不想来了。"

分析师说："怎么回事儿？来说说看。"

我俩就站在那儿，我说："第二次来时你向我提了一个要求，说我写过一篇文章叫《驻相与阻抗》，是讲佛学与精神分析的。你要看，我说写得太差了，不好意思给你看。你说没关系，如果英文翻译得不好，你可以看中文。如果看不懂你可以问你的中文老师。"

他知道我这篇文章，是听其他的德方老师推荐我的时候介绍的，他一定要看。我觉得这篇文章写得很一般，自己翻译的英文又很差，怎么好意思让人家大专家看呢，还是不要给他看的好，太丢人了。但他很坚持地要看，第三次去做精神分析的时候我就给他拷贝过去了。

我说："就是这个了。"

他说："我看你的文章有什么不好呢？"

我说："感觉从象征意义上讲，是我的小鸡鸡被你看见了。我很害羞，我害怕你会笑话我，我想逃避尴尬。"

他嘿嘿一笑说："你若是这样认为，就以你认为的为准好了。"

闻言我突然感到一身轻松。后面再去做精神分析就没有难受的感觉了，也不想再换人了，有什么想法都跟他讲。我们一起工作了三个月。

到 2004 年年底，还有两周的时间就是新年了，我离开他，想到德国各处转转。岁末的那天晚上，我住在法国边界旁 Alf Gerlach 的家里，他请了一帮朋友喝酒，很热闹，大家喝得很高兴。第二天一大早是 2005 年元旦，瑞雪兆丰年，窗外是银装素裹的洁白世界。我神清气爽，精神振奋，打开电脑查看邮件。第一封映入眼帘的就是我的分析师发来的问候，并带有附件。他说：附件里是我的那篇文章，我已经翻译成了德文。文章写得非常好，并说明了为什么好。他告诉我，从我这篇文章中他读出了原汁原味的中国人对禅的理解、对佛的看法。所以他在翻译我的文章时，把我提到禅的地方翻译成汉语拼音的 Chan，以示跟 zen 的区别。因为 zen 是西方人跟日本人学来的。我所传递的是原汁原味的中国人的感觉。跟他们以往接触的 zen 是不一样的。他建议我们以后再翻译的时候，中国人作品中的"禅"都翻译成 Chan。他这样告诉我："我现在说你这篇文章写得很好。你也许会认为我在安慰你、鼓励你。你可以把它发送给所有你认识的德国专家看，听听他们的反馈，你就知道这篇文章有多好。"

我看到这封邮件，再看附件里德文版的《驻相与阻抗》，整整二十八页，令我沉思良久，感慨万千。我给他回了一封邮件："我现在终于感受到一个父亲是如何珍爱、呵护儿子的小鸡鸡，我以我的阳具而感到自豪！"

我把这篇文章放在桌面上，下到一楼，Alf 正在做早饭。我说有一封邮件发过来，我的文章被我的分析师翻译成德文，他说文章很好，让你瞧瞧。Alf 说好啊，你来做饭，我去看。大概过了半个小时他才下楼，兴冲冲地拿着稿子问："这是你在上海发言的文章吗？"我说是的。他说："你在上海发言的时候我们没怎么听懂，但是德文版的我现在看懂了，非常好。我们要想办法让它发表。"

后来在一系列的国际会议上，德中心理治疗研究院和国际精神分析协会中国工作组都力荐我把这篇文章拿到国际上宣读。我参加了在汉堡举行的德中心理治疗研究院的年会，后来又参加了在巴西里约举行的第四十四届国际精神分析大会，会上我宣读论文时来了好多人，大都是白发苍苍、气度不凡的学者，资历都很深。我发言结束后他们还给予点评。具有中国血统的阿根廷专家Teresa Yuan 问我："你知不知道他们几位都是谁呀？"我说："不认识呀，但是他们的点评对我启发挺大的。"Teresa Yuan 说："他们就是 IPA 的主席和几个资深的常务委员。他们今天是专门来听中国人演讲的，你应该感到自豪。"我说："我确实感到自豪，我现在不怯场了。"

从俄狄浦斯三角关系去理解、去梳理我的这段经历，我的分析师用了一种自体心理学的策略，他做了我的一个很好的理想化的客体，给了我很好的共情，给了我支持和镜映。使我从担心自己不好、担心自己不行，害怕自己被人看见、害怕被人指责的那种胆怯、回避里一下子挺立起来了。这就是一次象征意义非常强烈的俄狄浦斯情结的修通。

过度共生会使孩子无法度过俄狄浦斯期

患者住在一个著名医院的消化科。为什么住消化科呢？因为她有严重的营养不良，不能好好吃饭。经过内科医生对她的全身检查，她的消化系统，以及相应的肝脏、胰脏等等器官的检查都没有发现明显的问题。但是患者一直消瘦，无法吃饭，甚至稍有进食就会恶心呕吐。

她这样的情况搞得医生很无奈，只好在检查治疗无效的情况下要求心理会诊。我一进病房，发现病房里那张床上只有陪床的人，没有病人。我走过去问这边的病人在不在，我是来会诊的大夫。陪床的人是她的妈妈，很高兴地站起来说大夫你可来了，你赶紧看看我女儿吧。随着她手指的方向一看，吓我一跳，她女儿就在靠墙那儿站着，可是站在那儿悄无声息，以致我几乎没有感受到一个人的气息，感受到的是她女儿犹如一个搭衣服的架子立在那儿，上面挂着件衣服似的。当她妈妈的手一引，我才发现这是一个病人，她可以说是骨瘦如柴、面如骷髅，两颊严重下陷，皮肤松弛，一点儿光泽都没有。

患者三十岁出头，但是皮肤看起来比五十多岁的人都显得衰老松弛。一般五十多岁的人，保养得好的还是红光满面、非常圆润饱满的，可她却是瘦骨嶙峋。更让人感到心头悲凉，甚至有一点恐惧的是，这个人站在你旁边，你好像感觉不到她一丝丝的生命气息，犹如一根干柴棒子。她的家属肯定是很担心的，但是他们拿她没有办法，这孩子在家里不吃饭，也没法上班。像这种状况怎么上班？单位的领导也害怕万一哪天晕倒在岗位上，就劝家长赶紧带孩子去看病。

如此严重的营养不良、厌食，家人把她送到医院来，大夫很着急，首先需要做一些生理检查，还想给她做一点营养支持。但是患者很执拗，不好好配合。孩子本身就是病人，比较偏执可以理解。但是更费劲和棘手的是这个妈妈也不知道哪来的拗劲儿，医生提出的所有支持性的治疗建议，以及帮患者做进一步的身体状态评估检查的建议，妈妈都会推三阻四，犹豫来掂量去。当医生说等一等，她又反复地来催促：大夫你赶快给我们治吧。大夫说今天就做一个这样的检查，她就说孩子不能做检查，身体太弱了，这儿不行，那儿不行，会提出各式各样的条件拒绝。

大夫说给你做一点营养支持，输点液。她说那不行，我们孩子这么弱，血管这么薄、这么脆，扎针把孩子扎坏了怎么办。这让大夫感到实在很无奈，怎么这么难以沟通，这病没法治，最后弄得内科医生快要崩溃了。然后就请心理治疗师过去看看。

心理治疗师去了以后她依然是这种方式，各种拒绝。那我怎么办呢？就不要急于怎么治疗、怎么改变。我需要先做一些了解，了解她病情的来龙去脉，整个治疗的经过，以及家庭关系。

患者上大学的时候就已经开始出现厌食症状。但是那个时候并没有引起家人的重视，一直到大学毕业以后上班两年，问题变得更加严重了。上班以后她经常会在家里住，这个时候她不好好吃饭，体重下降，人变得消瘦，一米六五的个子，体重大概九十斤都不到。在这期间她也服用了各式各样的中药、西药，她吃这些药到底是为了治疗厌食，还是为了减肥，反正说得含含糊糊，我实在是没有办法问清楚。我想了解她是不是有减肥的倾向、愿望，但是患者说没有，她拒绝承认自己要减肥。

她觉得吃药的时候也会吐。厌食的人有时候进食会吐，所以她也弄不清楚她的吐是药的副作用呢，还是病本身在吐。这让医生感觉到她分辨是非、因果的能力非常模糊，这也意味着一个人的自我界限感比较模糊。

经过跟她三五次的交流以后，我慢慢有点理解了。从家庭关系方面来理解，她跟妈妈几乎是一个共生的状态，每天她的妈妈不离左右，从孩子的吃喝拉撒到睡觉穿衣服，所有的事情她都"无微不至"地关怀。这种无微不至让人感觉到妈妈和女儿之间没有任何的距离、没有任何的界限。对于孩子生活的照料，到治疗所有的一切都是由妈妈来完全掌控、决定的。在孩子成长的过程中，上什么学校，毕业后做什么工作也都离不开妈妈完全掌控的安排。

你会感到这个孩子对妈妈有一种不得不服从的依赖。现在这种状态，她没有办法，她离不了妈妈，离了妈妈就没法活了，身体瘦弱，完全不能自理。但是另一方面，你又感觉到她跟妈妈之间有很强的对抗。比如说在治疗上，既然是有问题，就要来治疗，但是她对一切有利于自己恢复的治疗措施都是拒绝的态度，完全没有任何道理，就是拒绝。让人感觉到这个孩子似乎在努力地把自己和外界的边界区分开来。为什么要区分开来呢？似乎外界所有的人和事情，包括那些要进入她身体的营养、液体、药，对她来讲都是一种具有毒害性的侵入。所以她拒绝侵入的这种感觉让人感觉到很强烈，这种侵入的含义除了对水、食物、药、液体这些现实的、物质的拒绝之外，还有另一种拒绝含义，就是一个人从心理上拒绝他人对自己内心世界边界的侵入。

在此情景之下，我脑海里似乎出现了一个画面、一种意象：一只硕大的大螃蟹怀里紧紧地抱着一只海螺，这只海螺逃不掉，它被这只螃蟹死死地钳住了，所以海螺很恐惧地蜷缩在自己的壳里不露头，一直往里缩。它不吃、不喝、不张嘴。因为它张开嘴就有一个危险——螃蟹的爪子就会伸进来。螃蟹不愿意撒手，海螺不愿意探头，就这么耗着。海螺最后似乎奄奄一息，大概想说算了吧，你把我抱走吧。既然是你的，那我也就没办法，随你的便吧，你想怎么着你就怎么着吧。

之后，我的脑海里突然间跳出一个哪吒的故事。好像是说这个孩子没有办法成为自己想成为的那个人，她一直被父母的需要所掌控。所以她没有办法挣脱，她不但精神上不能挣脱，肉体上也不能挣脱。更重要的是因为她心理和精神上与他们之间无法分离，最后在万般无奈的情况下，既然你不撒手，那就还给你。好像她是通过把肉身还给父母来得到一种精神的解脱。

哪吒是一个剧烈的、突然的牺牲行为。而这个女孩儿就像是一个慢性的、挣扎着死去的哪吒。

通过这个个案可以看到，有时候阉割是一种象征意义，它不只是局部器官的伤害，而是对一个人的自体感、自我精神性的限制和剥夺。这种限制和剥夺就使得个人不能发展成独立健康的自己，不能活色生香地活着。所以阉割在这个意义上讲就是去势，去掉一个人的优势。一个女性的优势应该是阳光健康、妖媚漂亮。这个女孩儿完全失去了一个阳光健康、妖媚漂亮的女孩子的魅力，她没法成为鲜活的自己。

看待一个人的疾病需要看待形成疾病的人际关系状态带给她的影响。父母可能因为他们自身在心理发展中的一些缺陷，使得他们没有生活独立的自信心和安全感。而在养育孩子的过程中，就会自觉不自觉地把这种得到照料、获得资源和安全的要求投射在孩子的身上，然后不管孩子需不需要都一味地按自己的想法塞给他们。岂不知这样的做法让孩子很委屈，两相都不舒服。

一般人在正常的情况下都不会做到这么极端，我们也不能完全把一切错误的责任都归在父母身上。比如说父母可能一方面有他们不足的地方，另一方面在照料孩子和关心孩子上毕竟还是有功劳的。在孩子缺乏独立能力的时候，父母无微不至的照料一定程度上是好的、对的，因为孩子尚做不到，所以需要父母。但是当孩子需要独立的时候，父母不知道撒手，而且越抱越紧，这样对孩子的成长是不利的。

这是一个极端的心理障碍的个例，不等于整个父母群体。我们不能把特例当成一般，把个案当成普遍，把病态当成常态。正常发展的情况下父母是恩人、贵人。父母不是没有缺点和错误的，父母都会有各种各样的做不到的地方，但他们毕竟是孩子成长中最重要的支持者和养育者。

从依赖、抗争到和解，哪吒在冲突中成长

　　哪吒出生的时候就是一个不同凡响的人物。出生之前，他在妈妈的肚子里待了三年零六个月。如果三年零六个月都不出生的话，大人其实也是挺心慌、挺害怕的。一天晚上他父母也对这件事情感到蹊跷，正着急的时候，哪吒出生了。但是生下来的不是一个孩子，而是一个大肉球，而且满屋子红光紫气、异香扑鼻。他的爸爸李靖是陈塘关总兵，心想这大概是个妖孽，于是拔出宝剑一砍，结果肉球砍开里面蹦出一个活泼可爱的孩子。奇怪的是，这个孩子一生下来就会跑会说话，而且手上还戴着一个金镯子，肚子上还挂着一个红肚兜，好可爱。

　　这个哪吒身世可不一般，他是受了玉虚宫的符命降生的，是一个不凡的人才。他的师父是金光洞太乙真人，太乙真人的弟子叫灵珠子。这个灵珠子哪吒就投胎出生在李靖家，生活条件比较优越。七岁这一年夏天，哪吒出门去玩耍，走到九湾河口，看见碧水滔滔，就跳到河里去洗澡，洗完澡就拿着红肚兜在水里晃荡。他的这个红肚兜可不是个俗物，原来是一件宝物，叫混天绫。他这么一晃把水下龙宫都搅得上下翻腾。龙宫巡海的夜叉浮上水面来制止，被哪吒用金镯子——乾坤圈打死了。虾兵蟹将就赶紧报告东海龙王，龙王说怎么还有这样不讲理的，到我家门前来胡闹还打死我们的人。龙王的三太子敖丙主动要求去看看。敖丙领兵

出海，对哪吒是不依不饶。没几个回合，哪吒挥起乾坤圈又把敖丙打死了。敖丙现出了原形，是一条龙。哪吒上去抽了人家的龙筋，打算编成一个绦绳给他爹束甲。这事情就很麻烦了，东海龙王直接找到陈塘关李靖家来问罪，你们家孩子把我家孩子打死了，你得偿命。

李靖一听自家孩子闯了祸，估计龙王去玉帝那儿告完状以后，咱们就得伏法，于是他对哪吒是一顿打骂。哪吒一看自己惹了祸，父母又不能保护他，不能替他做主，解决不了问题，就跑去找他的师父。他师父这个人很有意思，对孩子说："你年幼无知，以后不敢再乱来了。我教你一个办法，龙王不是要到玉帝那儿去告状吗，你到南天门把他截住，主动认错，他劝回来，不要让他去，这件事情认了错就算了。"

哪吒去给龙王认错，龙王不接受、不原谅，最后龙王还对哪吒又骂又打。哪吒生气了，又把龙王揍了一顿，龙王打不过他，求饶。哪吒说你跟我回去，当着我父母的面说一下，这件事咱就算过去了。龙王被逼得没办法就跟他回到陈塘关。龙王一落地变回原形就对李靖大发雷霆："你儿子不但不认罪伏法，还连我也打了一顿，简直是太无理了，你们做父母的教育孩子也太失职了吧。你们不认错，那我就要联合四海龙王一起来向你们报仇，我们要到玉帝那儿去告状。"

哪吒也真不是个省油的灯，这时候他还干了另一件荒唐事。他惹完了事，跑到城墙上散心去了，发现他爹那儿有一个镇关之宝，是一把弓箭。他把巨大的弓箭拉开一射，这支箭飞到天外西南，不巧偏偏射到了白骨洞石矶娘娘的山上，把石矶娘娘的一个童子碧云给射死了。石矶娘娘一看箭上的符号是陈塘关李靖的，就把李靖叫来查问。李靖一问，发现这事儿又是哪吒干的，简直气得没办法。这孩子怎么老惹事儿呢，爹都没办法替你去解决这些问题了。

当一个孩子在他无所畏惧、无所不能、全能的自体感无穷尽彰显的时候，对父母的要求其实是挺高的。这时候需要父母有能力去包容他的折腾。包容一方面是接纳，另一方面是要有边界约束，这对于当父母的人来说还真是有挑战的。

这样，哪吒就遭到父亲不断的斥责和打骂。父亲对于孩子内心无所畏惧、无所不能、夸大自己的那一部分没有给予很好的肯定，只是不断地拒绝他、斥责他，使他遭受挫折，这就使得哪吒内心变得非常愤怒和叛逆。当石矶娘娘来找哪吒报仇算账，哪吒打不过石矶娘娘的时候，李靖站在一旁只是无奈的、无力的叹息。哪吒只好拔腿就跑，到他的师父太乙真人那儿去求救。我们会看到太乙真人就像是哪吒的一个理想化的好客体，是一个强大的、可以靠得住的、可以替哪吒消除一切灾祸，给予他保护的人。

太乙真人果然也是身手不凡，当石矶娘娘暴躁、不讲理、要赶尽杀绝的时候，太乙真人叹了口气说："你这般不通情达理，也休怪我无情。"使出法术把石矶娘娘打回原形，把混天绫和乾坤圈又交给哪吒。

哪吒回到陈塘关，发现四海龙王已经把陈塘关围了个水泄不通，正在威逼李靖交出哪吒，要不然就要水淹陈塘关，要进行铺天盖地般的惩罚。这个时候哪吒只得挺身而出，说我一人做事一人担，这事与我父母无关，也不要连累百姓，我既然打死了人，那我就来偿命，父母的这些麻烦都是我造成的，我把肉身还给父母。这个时候哪吒是很委屈却又无奈的，他实在是没有办法让父母撇清与自己的责任关系，他只好拔剑剖腹、剜肠、剔骨，他的三魂七魄就流离失散了。

李靖要是允许哪吒再自由任性地去逞能的话，或许不会是这样一个结果。但是李靖又不允许哪吒发威，哪吒自己又不敢继续任性逞能。因为任性发威，虽然他自己会得到满足的表达，但是由此会给父母带来越来越多的麻烦，会让自己产生难以化解的内疚感。不管怎么做，他都会牵连到父母，父母和他的关系对他是一种无形的束缚和要求，他必须承担关系中的责任。他没办法，最后采取了一种方式就是自己剖腹、剜肠、剔骨，把肉身还给父母，以解除自己和父母之间的生身关系。这种极端残酷的解除和父母之间关系的方式，让我们感觉到里面所包含的巨大的悲愤感和深深的无力与无奈。这是一种严重的攻击转向自身的方式。

我们再来理解上面厌食症的那个患者。在心理意义上她可能也是用一种拒绝的方式——拒绝生命能量、拒绝治疗、拒绝进食，隔绝与父母的联结，阻断这种关系。

哪吒死后他的冤魂无处依托，托梦给他的妈妈。妈妈心疼儿子，就在四十里外的山上给哪吒造了一座庙，塑了一个泥身，把哪吒的灵魂暂时安放在那儿，让孩子有所安驻。李靖有一次出巡，发现这里有座庙，跑去一看庙里竟然安驻的是哪吒，不由得怒从心起，捣毁了塑像，还放火烧了庙宇。这样的举动对于已经失魂落魄，好不容易找到安身之处的孩子来讲有点太不近人情了。按说哪吒已经割肉还父，与李靖解除了生身关系，李靖此时再做拆人庙、毁人家的事情就有点过分。这时候的李靖就是一个有迫害性的坏客体的面目，哪吒肯定不愿意承受，迟早会报仇雪恨的。

哪吒惹了这么多祸，受了这么多罪，任何时候，哪怕是他失魂落魄时，他的师父太乙真人都会竭尽全力去接纳、包容和保护他。与此同时，师父也在不断地教导和磨砺他的意志、性格和能力。哪吒自裁之后又遭遇毁庙倒像，魂飞魄散，他的师父就用两枝莲花、三张荷叶拼了一个人形，把哪吒的魂唤回来，施展法术，使他的人身重新活了过来。哪吒变成了一丈六尺、面如傅粉、唇似涂朱、眼透金光的帅小伙儿。师父又教他武功和兵法，当他功夫有所成时师父就让他下山。哪吒下山途中路过陈塘关，想起当年受到李靖欺负的那一口恶气还没出，就径直找李靖算账。现在李靖根本不是哪吒的对手，被哪吒打得落荒而逃。李靖的二儿子木吒上来助战，也被哪吒打败。眼看着李靖无处逃遁的时候，又出来一位文殊天尊，把哪吒收服，捆绑起来。

其实文殊天尊就是太乙真人请来降服哪吒，磨砺他意志的。太乙真人紧跟着出面，与文殊天尊一起教育哪吒。文殊天尊对太乙真人说，你对这个徒弟有点太宠溺了，你舍不得管教、打骂，只好我替你来管教。太乙真人说，其实我这次就是想让你出来管教一下过分任性的孩子，因为他需要吃点苦才能改改他的这些冲动的毛病，才能变得成熟起来，所以你就受受累帮我管教管教。两人达成一致以后把哪吒叫进来，对他进行了一顿批评教育，让他承诺不要再跟李靖计较了。

哪吒表面上答应，其实心里还是不服。他的师父其实也知道他不服，所以就请人继续管教他。哪吒出门后果然追着李靖而去，非要把李靖干掉。在非常危难的时候遇到一位道人在李靖的背上画了一个符。李靖功力突然大增。这意味着在陪伴和竞争的成长过程中，父亲也会得到成长。

哪吒很生气：本来李靖功夫不行，因为这个道人给他施了法术，他才功夫大长；现在我打不过他，我先把你这个老道收拾了。哪吒又不知天高地厚地去跟老道较量，道人跳上云头，从袖子里取出了一个玲珑宝塔抛到空中，宝塔落下把哪吒罩在里面。道人在塔上用手一激，塔里就开始燃起熊熊大火，把哪吒烧得面目全非，直喊救命，求饶说再也不敢了，哪吒也基本上服气了。这道人就是灵鹫山圆觉洞的燃灯道人，他把李靖唤过来说，你这个儿子以后要跟你同朝为臣，我就把这个宝塔送给你，咒语也教给你，以后他若不听招呼你就拿这个塔去镇住他。在这个过程中哪吒最后不得不屈服于这样一种妥协，所以在父子之间达成了一种和解。哪吒也慢慢地明白，他受到的这些挫折，都是他师父请来的人对他进行的磨炼。

整个故事的过程分为三个阶段：

第一个阶段，哪吒完全是一个需要依赖共生的孩子。他是父母跟前的一个小小孩儿，他虽然淘气，虽然逞能，但是他毕竟是父母的一个孩子。

第二个阶段，他开始寻求独自成长，变成了一个无所不能的叛逆者，他与父亲抗争，向他寻仇。

第三个阶段，最终他和父亲达成和解。

这个过程和内容犹如一个人的心理成长所经历的俄狄浦斯期。

09

心理性别身份认同到位，
是性别气质的基础

除了处理好三角关系之外，俄狄浦斯期还有一个非常重要的心理发展任务——心理性别身份认同。雄壮阳刚的男子汉气概与温婉柔美的女人味，都得之于一个人内在心理的性别身份发展的充分、饱满。

心理上的性别确认

一个人生理上的性别身份，是男是女很好辨认，生下来看一眼就知道是男是女。我们可以看到在产房门前，爸爸、爷爷、奶奶、姥爷、姥姥，一听到孩子落地的哭声就问：男孩女孩？医生如果回答说，我不知道，就成笑话了。从生理上、器官上区别是男是女很容易。如果还不放心，长鸡鸡是不是真男孩，没长的是不是真女孩，还可以进一步用染色体确认。人有四十六条染色体，配对成双，第二十三对是性别染色体，其形态如果为 xy 就是男孩，若是 xx 就是女孩。有时候还会出现遗传变异，比如，第二十三对是 xxy。

一般来讲，门诊咨询的来访者如果出现性别身份认同困惑，常规建议做染色体的检查，以确认是生理性的还是心理性的。绝大部分人是属于心理性的，极少见的是生理性的。前者生理上的身份是明确的，心理上的身份认同是冲突的，或者是不确定的，或者是相反的。这是一个关于自己的心理性别身份认同的问题。

还有一个现象属于性取向问题，比如同性恋还是异性恋。一个人是同性恋、异性恋还是双性恋，并不列入需要矫正的疾病单元，当今的社会文化环境趋向于尊重个人的自主性。这些性取向的问题占人群中的少数，也有其共同的群体特征。

但是对于我们做临床咨询的工作者来讲，有些现象是引起我们关注的。比如身为男人，阳刚之气不足；或者身为女人，却表现得汉子气。我们会对这种心理上和生理上的性别身份特征、匹配关系保持好奇，可以用俄狄浦斯三角的理论来解读这种现象。

有人对儿童发展过程中心理上的性别认同进行了很好的阐释，我又把它做成了一个思维导图，逐条解析，有助于大家对俄狄浦斯情结和心理上的性别身份认同的理解。

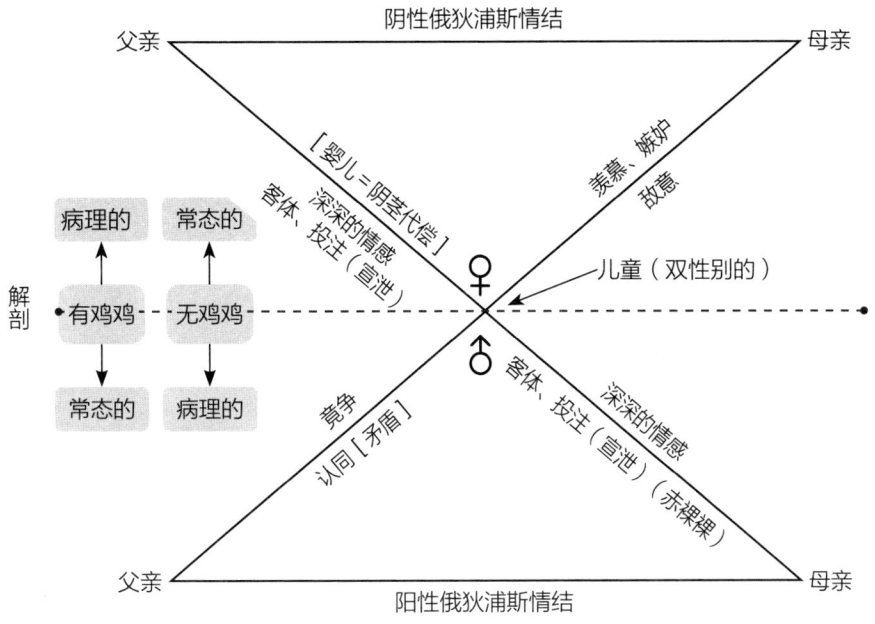

图 1　完整的俄狄浦斯情结

　　这是两个顶对顶的三角形。居于中央位置的是孩子。下面的三角形描述的特征是阳性俄狄浦斯情结。上面的倒三角形描述的特征是阴性俄狄浦斯情结。每一个三角形的每个角都代表着一个人物，每条边都代表被连接起来的两个人物之间的关系。

　　在上面这个倒三角形里，下边这个角是孩子，左上角是父亲，右上角是母亲。上下两个三角形之间有一道横的虚线，其左侧有两个框，靠左边的框里标识"有鸡鸡"，指的是生理上有鸡鸡，即生理上是男孩。如果生理上有鸡鸡，心理上也表现出虚线下面阳性的俄狄浦斯情结特征，这就是常态的。如果生理上有鸡鸡，但心理上表现出虚线上面阴性的俄狄浦斯情结特征，即心理特征和生理标志相反，不一致，就是病理性的。

靠右边的框里标识"无鸡鸡"，指的是生理上无鸡鸡，就是生理上是女孩。如果生理上无鸡鸡，心理上也表现出虚线上面阴性的俄狄浦斯情结特征，就是心身一致的，这就是常态的。如果生理上无鸡鸡，但心理上表现出虚线下面阳性的俄狄浦斯情结特征，即心理特征和生理标志相反，不一致，就是病理性的。

阳性俄狄浦斯情结：男孩的心理性别认同

儿童从前俄狄浦斯期进入俄狄浦斯期，性别意识萌动，开始关注和区分男女，对异性充满好奇。有的幼儿园小班没有区分男孩女孩卫生间，小孩就会很好奇，怎么有些孩子站着尿，有些孩子蹲着尿。一些女孩于是也要站着尿，一试不行。这就开始在心里区分了，爸爸和妈妈不一样，爸爸穿裤子，妈妈穿裙子；爸爸留短发，妈妈留长发。我跟谁一样呢？男孩子发现自己跟爸爸一样，都是站着尿的。这样男孩子通过生理上的一致取得了和爸爸的性别认同，这是性别的初始认同。

男孩子一方面通过跟爸爸在生理上的一致取得生理上的性别身份认同，另一方面，对妈妈有非常强烈的拥有、亲近、占有的欲望，这种欲望来自内驱力的需要。要跟妈妈结婚、睡觉；想把爸爸赶走；或者想把爸爸和妈妈分开，晚上要睡在他们两个中间，不能让他们俩在一起挨着。这些愿望往往表现得很直白、赤裸裸，不加修饰。这是孩子的内驱力投注于客体的需要。

可是这样的情景并不会长时间地持续存在。随着孩子的成长，他会感觉到这样的表达方式和这样的要求会有危险，会给自己的内心带来张力，让自己感觉不舒服、紧张、恐惧。这个张力就是"乱伦恐惧"。为了克服这种不舒服的感觉，孩子逐渐发展出一种自我觉察和节制的能力，把欲望转换成深深的情感。孩子通过与妈妈建立情感上深厚的联结，不再以直白赤裸的占有需要的方式表达。

这种节制的能力属于"自我"的"延迟满足"功能。俄狄浦斯期通过对内驱力满足的节制，个人的自我功能得到了发展。

男孩完成了对爸爸第一阶段的生理上的认同之后，就开始进入跟爸爸竞争妈妈，从而成为对手的第二阶段的认同历程。这个时期男孩和爸爸在竞争妈妈的过程中成为对手，对手之间竞争的强度对他有很大的影响。古语云："养不教，父之过。"就是说父亲要有管理教育孩子的责任。父亲对孩子恰如其分的约束、惩罚和拒绝，对于帮助孩子在这个与爸爸较劲的过程中学会怎样去跟男人竞争、游戏，并学会社会规则是非常重要的。

父亲在这个阶段对孩子要有恰如其分地"约束、惩罚、拒绝"，过于严厉和过分让步，对于孩子的成长都是不利的。

如果爸爸表现得过分严厉，甚至暴力，就会使孩子望而却步，心生畏惧，害怕被惩罚，不敢与人竞争，孩子无法与爸爸亲近，他拿不准跟爸爸竞争、敌对、较劲的分寸。这会造成两种结果：一方面是跟爸爸的关系特别别扭，甚至反叛；另一方面，他又会特别忌惮爸爸，要看爸爸的脸色，同时疏远爸爸。

与此相对的是，如果父亲太过柔软，没有权威性、对孩子没有管束能力，结果会导致这个孩子在家里称王称霸、无法无天，对父亲一点不尊重，对家长的要求满不在乎，对规则的要求也就缺乏遵守的能力。

这两种现象都是值得注意的。做父亲不是一件容易的事。对孩子，既要有陪伴，又要做陪练，还要呵护和接纳，犹如一位严格把关，不让越界，同时又关心、爱护孩子的人生教练。

选家长的游戏：男孩需要父亲的权威感

常态情况下，也就是心理、生理是一致的情况下，儿子往往跟爸爸较劲儿，女儿往往跟妈妈较劲儿。但是如果爸爸在家里处于弱势，权威感不强、分量感不足，就会看到家里的孩子比较调皮、捣蛋，做事情不服管教。这样的家庭常常因为孩子不愿上学、爱玩游戏、爱打架等等原因被老师要求家长带孩子来咨询。

我们在跟这样的家庭工作时，经常会运用精神动力学家庭治疗的策略，做一个选家长的游戏。我会问："你们家谁是家长？"当我抛出这个问题的时候，就会发现，一家三口面面相觑，你瞅瞅我，我瞅瞅你。有时候爸爸妈妈就交换一下眼色，然后往我这儿一看，嘴往孩子的方向一撇，那意思是孩子在家为王。

我就对孩子说："人家两个人好像觉得你厉害。那你们是不是现在就选个家长，选你给咱们当家长。你觉得怎么样？"这时候那个小孩是很矛盾的，一方面他想当家长，另一方面他拒绝当家长。为什么呢？"钱没在我手上，我说话不算数，我凭什么当家长？"

我说："人家两个推荐你当家长，你怎么办？"他说："那我也不干！"我说："那你不干，你觉得谁能干，你就让谁干。一家子总得有个主吧？家有千口，主事一人，谁来主事儿啊？谁在家里做主啊？"

往往这孩子想了半天会说："我们家不要家长。"

我会转向爸爸妈妈："那你们觉得家里要不要有个家长？"

这时候父母两人就反应过来了，明白了我问话的意思。他们会说："那我们家还是应该有个家长。"

还有一种情况大概是中国目前这一阶段特有的现象，家里三代同堂的，爷爷奶奶对孙子孙女很溺爱，爸爸妈妈碰不得、说不得、骂不得。孩子特别娇气、矫情。小时候尚且可爱，但一到青春期麻烦可就大了，仗着爷爷奶奶撑腰，蛮横刁钻，不服老师管教、不尊重父母的意见、不认可规矩的要求。这时候爷爷奶奶也没辙了，这孩子就可能会变得称王称霸。这实际上是缺乏足够好的认同的一种表现，是内心对父母这个角色缺乏认同。

男孩对父亲从生理到心理的认同之路

弗洛伊德时期对认同的概念另有含义，指的是内驱力投注向客体的过程，内驱力的投注需要有一个对象，这个对象也就是认同的客体，包含几种不同的类型。

第一类，是爱的客体。你爱谁、喜欢谁，这是爱的驱力投注的一个对象。

第二类，是恨的客体。你跟他较劲、跟他搏斗、跟他竞争，这是攻击驱力投注的对象。

第三类，是丧失了的客体。人们对丧失了的客体久久不能忘怀，翻来覆去地在内心演绎与丧失客体的爱恨情仇，这是对丧失客体的认同。

在阳性的俄狄浦斯情结里，男孩要跟爸爸和妈妈之间产生一个三角关系，他就不像过去在前俄狄浦斯期，主要是与妈妈的二元关系。他跟爸爸是先从生理上发生对自己男性性别的认同。然后在跟爸爸竞争的过程中，再通过他的行为方式、他的情感态度、他的为人处事，慢慢地学习、模仿、交换，通过这个过程完成心理上的认同，他会出现很多内在心理特征上与爸爸相似的表现，如性格、行为、价值观等。

男孩在性别认同、心理认同的发展过程中，通过与爸爸的竞争，培养、锻炼发展出作为男人、男子汉的气概和方式。对于妈妈呢，他开始是情感的强烈需要，是赤裸裸的满足的需要。随着成长，他需要对乱伦的恐惧和焦虑有节制，这就发展出自我的一个功能——"延迟满足"，慢慢地再进一步转换成深深的情感。

如果这样正常地发展，他就表现出阳性俄狄浦斯情结的特征。所以在养育孩子的过程中，如果看到小孩"捣乱、淘气，跟大人对着干"时，不用那么担心，也不用那么害怕，这是他这个阶段的一种常态。

有一位先生年纪大概四十多岁，是家里的独生子。他以往很开朗，爱开玩笑、好交朋友，家庭关系和睦，生活很幸福。这么一个开朗乐观的人，在他父亲去世以后，突然得了抑郁症。家人朋友都很困惑，他怎么会得抑郁症呢？

原来他父亲是一个传统观念非常强的人，一直渴望有个孙子来传宗接代。结果这位父亲的儿子——患抑郁症的这位先生，只有一个女儿。父亲在世的时候，他没把父亲这个愿望太当回事儿。可是父亲去世以后，他在哀悼父亲的时候，有一种深深的内疚感、负罪感。他觉得自己不够孝顺，父亲临终的时候都没有见到孙子。此后他就跟妻子商量，怎么都要再生个儿子。

我也感到很纳闷，问他："莫非你跟你父亲生前的感情特别好？"他说："很奇怪，其实我跟我爸一直就不说话。我小时候很淘气，上树掏鸟，下河捉鱼，甚至上房揭瓦。父亲对我很严厉，我从小就很怕他。我基本上跟我爸不说话，我爸跟我也不说话。我们俩有事儿都是通过我妈传话。'妈，你去跟我爸说一下，我要怎么怎么样'；我爸一般就是'你去跟你儿子说一说，怎么怎么回事儿'。我们就是这种关系。"

那个时候有朋友、同事、哥儿们都对他这种情况觉得好奇，也劝他别跟父亲这么别扭。但是他满不在乎、习以为常，并不觉得有什么不妥，只是见了父亲不知道说什么，于是就一直保持这种状态。所以在父亲生前，他没有觉得父亲是一个亲近的人。

结果当父亲去世后，他有了如此强烈的内疚感。他这才发现，其实在内心深处他是多么尊敬父亲，多么渴望跟父亲亲近。

他也发现自己在为人处事的很多方面，都跟父亲非常相似。比如说开朗，比如说爱交朋友，比如说讲义气，比如说注重做人的信用，等等。

父亲去世后他才意识到这些，而这些情感却从来没有当面对父亲清晰地表达过。强烈的内疚感让他不惜一切代价都要完成父亲的心愿。终于在三年后生了一个儿子，他的病情于是大为好转。

从这个案例中我们能看到在儿子与父亲的关系中充满了竞争与认同，并在潜意识状态下深深地沉浸其中，这就是俄狄浦斯冲突的特征。父亲在世时，这种冲突就是生活的常态，犹如一套剧本熟练的游戏，大家各自角色到位。而父亲的去世，使得原有的剧情进展不下去了，这时才强烈地感到对手（客体）的存在是多么的重要，挽留不成，就得为他做点什么才能缓解丧失的痛苦。这位得抑郁症的先生，实际上是未了的阳性俄狄浦斯情结。

阴性俄狄浦斯情结：女孩的心理性别认同

"阴性俄狄浦斯情结"是女孩正常的性别心理特征。阴性的女孩一开始也存在一个从生理上认可自己性别身份的困惑。男孩长鸡鸡，自己却没有长鸡鸡；男孩能站着尿，自己却不能站着尿。那怎么办呢？要不要给自己也安一个鸡鸡，安一个水龙头一样的东西？这样我也就可以站着尿了，而且尿得很高。结果她发现这个想法行不通。那我想要这个东西，但是我又没有。我能不能把男孩的鸡鸡拿过来呢？也不行，拿不了。去哪儿可以找呢？我们家有没有呢？我们家好像有一个，水龙头在我爸那儿了。那能不能从我爸那儿拿来呢？拿来这个鸡鸡以后会怎么样呢？孩子这个时候就慢慢地意识到性别不一样，就幻想着拥有这个鸡鸡是不是就可以生小宝宝？妈妈能生小宝宝是因为跟爸爸在一起，有爸爸的鸡鸡。我也想把爸爸的鸡鸡拿来，生个小宝宝，可是我好像拿不来。那我妈怎么能拿呢？我妈这个人真是让我羡慕、嫉妒、恨。

女孩子对于爸爸的鸡鸡一方面想拿过来而不能，一方面又担心如果真的据为己有会不会对自己造成伤害，会不会就是乱伦？这部分焦虑也是需要去克服的，需要和男孩子一样发展出自我的"延迟满足"功能，把这种占有的欲望逐渐转化成对爸爸深深的情感。

女孩子这个初始阶段一方面发现自己没鸡鸡，比别人少一点什么，所以多少会有一点沮丧，觉得自己不如人。这就是所谓的"阴茎嫉羡"，对妈妈拥有爸爸的鸡鸡也是羡慕、嫉妒、恨，会跟妈妈较劲儿。"阴茎嫉羡"实际上是一种对自己的一部分缺憾感到"不如意、不满足、不完整"。

那么是不是说由此就彻底导致了女性的自卑呢？那倒不一定。

我们可以看到一个很有趣的现象。进入青春期，女孩一般发育得比男孩早，月经来得早，身体发育得凹凸有致，情感表达能力、语言表达能力发展也比男孩早。同龄的男孩还是"青瓜蛋子"，身体还没有发育，肌肉骨骼都没有长开。这时候发育的女孩子往往显得特别自信，如出水芙蓉一般落落大方、亭亭玉立，把一群光头小子比较得相形见绌。

这时我们看到：在自我性别身份的认同上，每一个阶段，都有以某一种性别身份为傲的可能性，即优势。

女孩相对于男孩，在这个发展过程中多一重困难。男孩是一直跟妈妈亲近、亲密，爸爸作为第三方进入二元关系后，男孩要跟妈妈一如既往地亲密，不愿与爸爸分享，进而要跟爸爸发生竞争。但是女孩却要从跟妈妈过去亲近的、亲密的关系发展成新的竞争关系，这对女孩来说会产生强烈的内心冲突，这个冲突将导致女孩背叛妈妈的内疚感。

性别身份认同到位的孩子长大后更有性别魅力

俄狄浦斯期一个重要的心理发展任务是要对自己的性别身份（角色）在心理上得以确认——"我是个男孩，我以我自己是男孩而骄傲"；"我是个女孩，我以我是女孩而自豪"。一旦获得了这样的确认感，个体自然而然地就内外一致了，即男孩就有了男子汉气概，女孩就有了柔美的韵味。

可是，现实中还是不乏性别身份（角色）的认同、发展、确认不彻底、不完整的情况。比如：男孩如果在男性的性别角色上认同不足，他就会表现得缺乏阳刚之气，现下流行词就是"娘炮"；严重点就有可能表现为同性恋、易性癖。当然，这里讲的是在心理上的性别身份认同不足导致的"假性同性恋"。真正确认的同性恋往往还包含生物性的原因，或其他复杂因素，在此处不做过多讨论。有些在同性恋圈子里的"同性恋"，并不完全都是真正的同性恋，有相当一部分人是在心理上对自己的性别认同"混乱、不确定、不稳定"者。他／她只是不能够清晰、明确、坚定地认可自己的性别身份，出现了一种对自我性别角色的迷惑、迷茫。类似于有些男孩要找的是榜样、依靠、庇护的对象，有些女孩需要的是温暖、包容、呵护的对象一样（这里只是举个例子，具体的个案情况可能比较复杂，不能简单地归类），因为在同性的客体身上找到了这些品质或者获得了这些感受，便误以为自己是"同性恋"，混迹于同性恋的圈子里。"混"的这个过程，也是在同伴中寻找、确认自己身份的过程。实际上，在真正同性恋的人群中，对于这些自我身份模糊、缺乏确定感、寻找自我身份认同的人，往往也是不认可的。

这种现象也可以反映在生活中。对于自我心理性别身份认同程度不同的成年人，在与异性的交往中，他们的分寸感是各不相同的。当自己的心理性别角色身份感稳定、确认的时候，尤其跟异性交往的时候，就能恰如其分地把握分寸。如果身份感不确定，分寸、力度就不好掌握，容易给自己和他人带来困扰。

临床工作中发现，男孩、女孩在成长中如果缺乏足够好的同性的认同客体，比如男孩没有一个好的爸爸做男人的榜样，女孩缺乏一个好的妈妈做女人的榜样，他们自己就会在成长为男人或成长为女人的时候有一定的困惑。这是大家可以理解和能够想象的。

还有一种情况是有些做父亲的，虽然自己也是男人，但是他做得不够让孩子感到自豪，让孩子不那么认可，甚至与孩子对于内心期待的那个榜样的形象相比，使孩子感到失望，这样也会让这个孩子的自我性别认同的发展过程受到影响。比如说爸爸不着调，常常使这个孩子（男孩）失望，甚至爸爸经常缺位，孩子没有一个内在的可以坚定认同的形象在内心帮助他，那么这个孩子就可能要么有一点弱，不够男人气概；要么也可能会在后来的生活中，不断地变换着各种各样的方式，或者寻找各种各样的机会去亲近一个让他觉得有男人气概的男人。还有可能就是这个孩子总是期待着爸爸能够做出改变，变成自己期望的样子，但常常因为这个愿望遭遇挫折而更加痛苦。

古人有言"一日为师，终身为父"，也是有道理的，因为一个人在成长的关键时期，如青春期，一个好的师父就是良好的认同的榜样，个人会在心中内化这个重要客体的品质，可以说这就是心理意义上的父亲。

10

性心理的重要主题：
内驱力

讨论性心理的主题，必然要进一步探讨两个重要问题：一个是关于性的内驱力问题，另一个是关于性的表达方式问题。

弗洛伊德在探讨人的内心世界时，建构了一个基本的理论，就是关于内驱力的理论。内驱力这个概念指的是人的一种心理上的能量，就如中国人常说的"心劲儿"。人活一口气，就凭着一股心劲儿。心劲儿没了，活得也就没什么意思了，所以这个内驱力很值得好好讨论一下。与"内驱力"相近的还有一个概念是"本能"，这两个概念的术语之间有些内涵是有重叠的，有时候也会互用，但是每一个术语的内涵还是有一个清晰的界定，这是学习精神分析首先要明白的。

内驱力包含两个重要的概念：一个是"本能（instinct）"，一个是"内驱力（drive）"。这两个概念既有相似的地方，也有很大的区别。

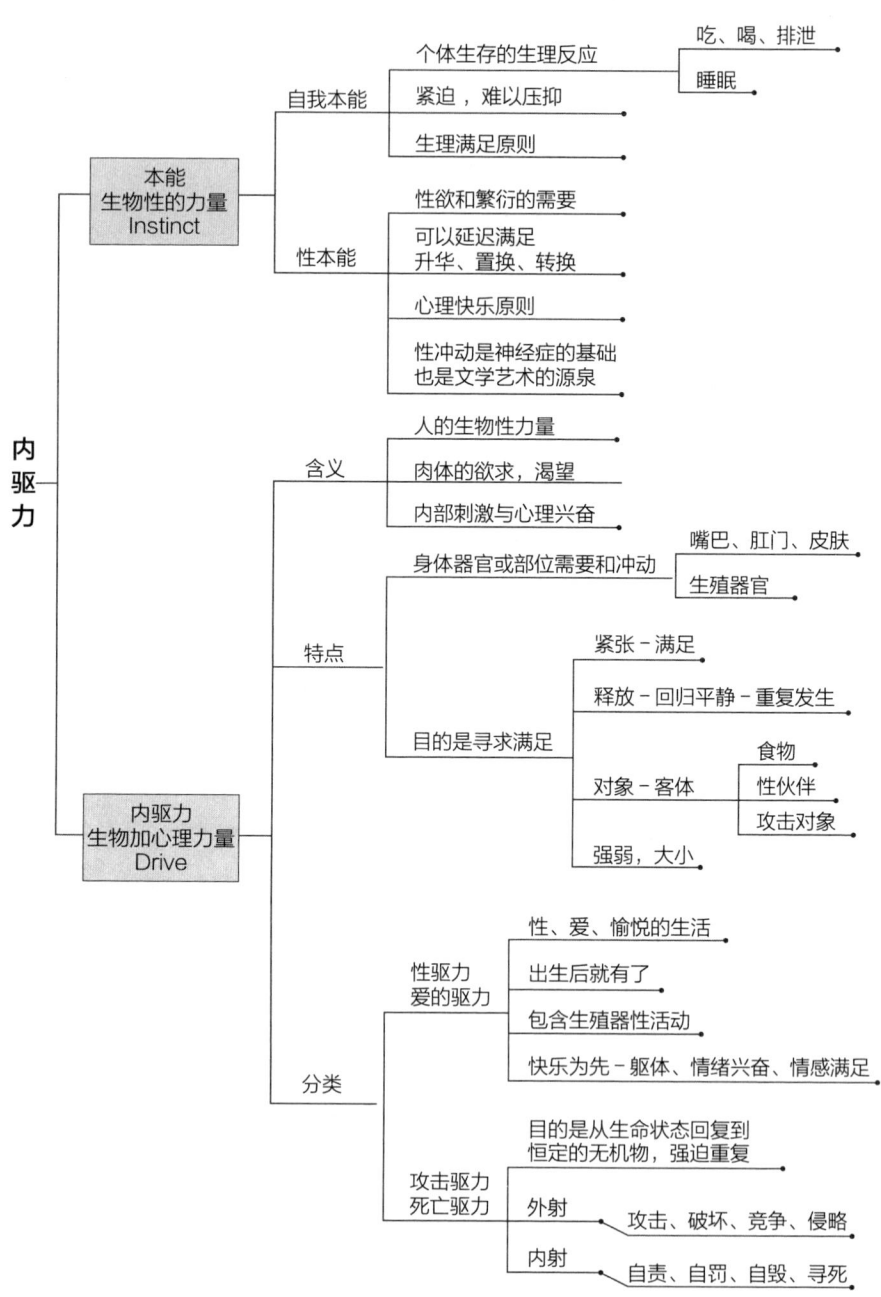

图2　内驱力的两个重要概念

内驱力概念 1：本能（instinct）

本能包括"自我本能"和"性的本能"。

个体的"自我本能"，指的是一个生物体与生俱来的一种内在的力量。所有的生物体都有本能，"人"也不例外，也有与生物相应的、一致的本能。生命要展现、要绽放、要表达、要延续等等，都依赖于生物本能力量的存在。

"本能"是个体的生物学属性，是个体保持生命存活的基本的生理反应，这些反应包括"吃、喝、排泄、睡眠"等等。这些基本反应有一个特点，就是需要"即刻满足"。"本能"反应需要得到即刻满足，是迫不及待的，而且"本能"反应的需要必须给予满足才能够平静下来、才能够舒缓。

"性的本能"是种系繁衍的需要，同时是个体自身快乐的需要。"性的本能"是可以经由"延迟满足"策略来实现的。比如通过一种转换了的方式、一种转移了的方式、置换了的方式，还有一种升华了的方式，这些方式都可以满足"性本能"的需求。比如说文学、艺术创作、体育竞技……都可能是个体在"性本能"力量的推动下，转换、升华表现的一种方式。所以"性本能"的满足有一部分是生理的性需求、性欲望得到满足和舒缓，还有相当一部分是"心理的快乐"得到满足。

"自我本能"更倾向于"生理的""性本能"更多的是个体倾向于"心理的"满足。

内驱力概念 2：内驱力（drive）

内驱力的概念内涵与本能有重叠，又有不同。内驱力既有生物性力量的内涵，这部分内涵与本能有重叠；内驱力还有一种神经中枢系统（心理上）的兴奋性的内涵。所以内驱力既包含了本能的部分，也包含了心理兴奋性的部分，这是内驱力与本能概念不同的地方。

本能可以用于对所有生物性的描述上，但是内驱力一般只用来描述人的心理状态，是心理学的一个概念。

内驱力是"生理＋心理"两种力量的满足。首先，内驱力有作为生物性的人的内在本能力量的存在；其次，内驱力的表现可以引起作为生物人躯体上、肉体上的欲求和渴望。内驱力的一次发动，可以导致人的一个欲望。内驱力的产生，是由人机体内部的刺激与心理上的兴奋引起的。内部的刺激，比如内分泌的变化就会引起人的情欲涌动；心理的兴奋，比如人的感官受到了刺激，也会引起这个人的激动、渴望、兴奋等等心理反应。

内驱力的发生是有目标的。内驱力能引起身体某些部位和器官的需要与冲动，这些需要与冲动会在相应的部位和器官上通过一定的方式和过程得到满足。

内驱力的发生和满足是周而复始、循环不息的。内驱力发生以后，总是在寻求满足。内驱力发生了，当它变得饱满的时候，会有比较强烈的、内在的紧张感；而当内驱力得到满足以后，这种紧张感就会得到释放，心理和躯体回归平静。内驱力要经过"紧张－满足－平静"这样的周期，不断循环，重复发生。

内驱力的发生和满足需要有目标对象，这个目标对象也叫作客体。内驱力不断循环、重复地发生和满足的过程，需要有相应的客体供其投注。能量予以投注，然后才能得到满足。因此，吃、喝的内驱力需要有相应的食物来满足；性驱力的满足就需要性伙伴；攻击驱力的满足需要"攻击、侵犯、竞争、撕咬打斗"的对象来得到满足。

"性的满足"有时候可能是以性器官接触——性交的方式来满足的，这是正常异性之间的性活动、性满足的方式。还有一些虽然不是通过性器官本身的接触获得满足，但是可能借助与性相关的物品来满足，这些物品就有了象征性的意义。比如"恋物癖"者，通过偷拿异性的内衣、袜子等等这些贴身衣物，就能够得到性的满足。这些人并没有直接跟异性发生性器官的接触，而是内驱力借助异性的生活用品得到满足。

> 一个小伙子在家人督促之下来做咨询，他的症状主要是抑郁的临床表现，但是经过各种各样的治疗都不见效。治疗师一开始对这个来访者也很茫然，找不到他抑郁的原因，后来问了更多的情况才有所理解。他现在快三十岁了还没结婚，个人经历丰富，当过兵，人很正直、讲义气。当问到他交女朋友的事情时，有了一些线索。他其实是有交女朋友的愿望的，但是比较害羞，不会主动和女孩交往。再问他跟同龄人、同宿舍的人的关系，他才讲了一件很不好意思的事情。他的舍友有时候会把女朋友带到宿舍过夜，从来不避讳他，而且这个舍友还经常换人。他猜想这些可能都是交易性质的。这让他很难受。治疗师问他有没有跟着做这些事情，他立刻说："没有，我坚决不干这样的事情。"
>
> 治疗师就问他怎么满足自己的这些需求。他这个时候才说，其实他一直有一个毛病不好意思说，这次他家人带他来看，表面上看是抑郁，其实背后有一个很严重的问题——他有恋物癖。治疗师解释说他大概就是通过这些东西得到了满足，因而不需要女朋友了。他想了想说"大概是吧"。
>
> 这次咨询就这样结束了，治疗师当时并没有预期到效果会怎么样。

第二周他妈妈又带他来了。他说，以前他恋物，偷别人内衣的毛病很严重，每天都要去偷，上周治疗后回去的这一周，一点儿想法都没有，一点偷的愿望都没有。这么快速见效，让治疗师也挺吃惊的，这个人好像恍然大悟，治疗就收到了明显的效果。

但是很有意思的是，大概过了七八年以后，他又一次来门诊，治疗师也一眼就认出了他。他说这七八年原来那个毛病一直没再犯过，但是最近又出现了一个新的问题——强迫性洗手。

这种情况跟原来的情景在内心模式上是一样的。原来是强迫性地去偷东西，强迫性拿别的女人的内衣，现在只不过把内容换成洗手了，对象换了，但是性质没变，"换汤不换药"。

这让我们看到内驱力会经历"一定"要得到满足——这种满足是"紧张"，得到"满足"以后"平静回归"，然后过一段时间会"再紧张"这样一个重复周期。而且内驱力的满足需要有一个能够引起他满足的"对象"来得到释放和舒缓。

内驱力的满足有些时候是以所谓的常态，即大多数人经常用的方式来满足，有些时候不是常态，会有一些变形的方式。

比如攻击驱力的满足就需要一个被攻击的对象。我们看到那些"冲动性人格障碍"者，他们经常会在外面"惹是生非"，在家里打老婆、骂孩子，这都属于他的内驱力时不时需要重复的一种现象。有时候并不是你惹了他，而是他的"狗脾气"又犯了。他的心理功能又没有能力去驾驭自己的内驱力这种强烈的波动，所以他就会采取这种非常直白地从客体身上得到满足的方式。

内驱力的延迟满足

是不是所有的内驱力为了得到舒缓，都要直接地、赤裸裸地即刻找到对象释放？如果是赤裸裸的、即刻的、直接的、不加修饰的，那不就等同于一个发情的动物，而非人之所为吗？

是的，人是不能这样去做的，人要有分寸、有节制、分场合。这种"有分寸、有节制、分场合"得到满足的过程就叫内驱力延迟满足的过程。这个延迟满足的过程又叫内驱力去性化的过程，或者称为心理能量中性化的过程。

内驱力去性化

内驱力有强有弱，有大有小。一个人驾驭、调控内驱力的能力反映了这个人的心理功能——自我的功能。

所以内驱力的去性化水平就反映了一个人心理功能发展的水平。一个人心理功能的强弱不在于他本能有多强大，而在于他驾驭自己本能的能力有多强大。这大概就是"战胜自我"的含义吧。

内驱力去性化的程度怎么样、水平怎么样、方式怎么样，让我们看到人间的形形色色，看到各种各样的人。

性驱力和攻击驱力

内驱力分为两种类型。一种是爱的驱力，一种是攻击驱力。爱的驱力是由性的驱力转化而来的；攻击驱力也和"死亡本能"相一致，也叫死亡驱力。内驱力人人都有，内驱力的这两个部分也是人人都有，但是这两个部分怎么表达却是人人不同。

性驱力（爱的驱力）

"性"包括狭义的性和广义的性。本能需要通过生殖器官直接接触得以满足，这是狭义的性；广义的性不仅包含生殖器官的满足，还包含了"爱的感受""爱的关系""爱的表达"这些内容，同时也包含着"愉悦的"个人经验。所以爱的驱力包含着"性"的成分、"爱"的成分、"愉悦"的成分。这就是弗洛伊德在精神分析理论里所说的"性的驱力"，所以性驱力的概念已经远远超出了性器官满足的性，是一个广义的、广泛的性，包括性、爱、愉悦的概念。

性驱力追求满足以"快乐"为先，首先会在个体的身体上／心理上唤起躯体／情绪上的兴奋感；其次个体通过与客体的亲近、亲密获得情感上的满足感。一次在讨论性驱力的话题时，有位同事说："其实人活着就是那么一点乐子。"我觉得这句话说得特别好，特别贴切到位。确实，人活着也就是那点乐子，那点被性驱力唤起的，令人兴奋的，与所爱的人在一起的满足感，这也是很多人能够承受生活中的苦难的原因所在。如果连这点乐子都没有了，一个人生活的兴趣、生活的意义大概就大打折扣了。

攻击驱力（死亡驱力）

生活中或者临床上可以看到一类人，他们好像过不得好日子，即便是好事在他们那里都会变得一塌糊涂。还有那些有自杀冲动的人，好像内心有一种很强烈的求死的力量。弗洛伊德在解释"攻击驱力"的时候说，其实一切生命力，一方面有生的本能，要蓬勃向上；另一方面任何生命都不可能永生，最终的结局都是死亡。死亡以后，有机体就化为一把泥土，再经过分解，成了无机物，这就是一个生命自然的、必然的归宿，这就是死亡本能。弗洛伊德把强烈的从生命体回到无生命体的过程，叫作强迫性重复。

攻击驱力（死亡驱力）是与性的驱力（爱的驱力）相伴随的另一面，是内驱力的一体两面。攻击驱力的表现有两种形式。一种是向外，表现为对外部对象的破坏、侵略、竞争。这些表现并不完全都是有破坏性的，比如说一个人的"积极上进、竞争"也是攻击驱力的一种表现形式。有攻击性的人常常表现得咄咄逼人，也正因为咄咄逼人这种气势，才可能在竞争中获胜。有时候人与自然的抗争、人与社会的抗争、人与人的抗争就需要这种竞争力。

一种是向内表现为对别人特别厚道，对外界特别守规矩，但是他经常会自责、自罚、自我限制，甚至自毁寻死。这种情况一般来说可能意味着他的攻击力是指向内的、指向自己的。

从内驱力去性化能力，以及对内驱力调节能力的分寸上能够看到一个人鲜活的现实感。

以内驱力为主线的心理发展理论——性心理发展理论

弗洛伊德在解释人的心理发展时，发现性的驱力是与生俱来的；并借助与身体的部位和器官有满足关系的术语来表达；性驱力的满足是需要有对象的。内驱力在不同的心理发展阶段，会有一个相应的／特定的获得满足的部位和器官与之相适应，把不同的阶段和相应的部位／器官对应起来，就形成了以内驱力为主线的心理发展理论——性心理发展理论。该理论按照性心理发展各阶段对应的部位／器官，为各发展阶段命名。

第一阶段，口欲期。零到一岁半，内驱力的满足来源于口腔快感，通过"吸吮"得到愉悦的满足阶段，这个阶段就被命名为口欲期。

第二阶段，肛欲期。一岁半到三岁，内驱力的满足通过对"肛门""尿道"括约肌的"控制"，即能够自由控制"拉屎、尿尿"，经由肛门、尿道获取快感，这一阶段就被命名为肛欲期。

第三阶段，性器期。孩子进入三到六岁，小女孩喜欢自己玩自己的外阴，小男孩经常扒拉自己的小鸡鸡，嘴里还念念叨叨，自得其乐。有些小孩子也会摩擦会阴部，通过生殖器官区域受到刺激以后得到一种愉悦感。这些行为都意味着她／他的愉悦满足感是来自于性器官的。这一阶段也称为性蕾期，或俄狄浦斯期。

第四阶段，潜伏期。在各时期的时间点上，每个孩子会有一些个体差异，有些早几个月，有些晚几个月。七岁以后基本上孩子的性器期就过了，进入下一个阶段——潜伏期。这个时期孩子由器官的刺激得到满足这种习惯、愿望、行为就减少了、平息了、安静了。

大概到十一二岁，随着他的生理上的生殖内分泌系统的成熟、变化，进入到一个新的时期——青春期，性兴奋再一次被唤醒。

内驱力在象征层面的表现——阳具

弗洛伊德的精神分析建立在他对生命本能和对内驱力的发现和建构上。这个假设来自于对我们躯体和心理的观察。性兴奋现象牵涉到两部分反应。

一部分来自于身体器官的性兴奋的满足，它可以通过性器官，也可以通过其他部位得到满足，由此产生了精神分析理论中心理发展不同分期（口欲期、肛欲期、性器期）的理解。在精神分析中说的"性"，不仅仅是"生殖性、生理性"的性关系、性需要，它也是"心理的能量"，是"心理性兴奋的反应"。

内驱力还有一个重要的方面，是在象征层面上的表现。非常直接、具体的身体的性兴奋来自被称为阴茎的生理器官；另一个是来自内心想象的兴奋，与心理象征意义相关的器官，命名为阳具。运用不同的术语，意味着所表达的意义不同。阴茎偏向于强调生理性的内涵，阳具偏向于强调心理性的意义。阳具的概念在描述"心理意义层面的性兴奋"时出现得更多。阳具在性驱力角度的重要意义是：它也会被当成个体对自身认识的一个客体。犹如我们自恋的时候把自己作为一个客体对象一样，阳具可以是我们自己的自体客体。

以上描述了性兴奋的过程中有一个阳具的象征，它是需要得到满足的。这种满足的需要可能会引发人欲望的产生。这些欲望通过不同的身体部位，以不同的反应方式和程度，如肌肤相亲、气息相融，进一步身体的相融、性器官的交合，并且在与客体的情感关系中获得更深刻地满足。

那么，阳具对于自体的价值何在呢？

阳具代表着力量、价值、地位。比如一个生下来就有阴茎的孩子，尤其是在中国传统家庭中的长房长孙，在家庭中就会被认为是顶立门户的"顶门杠子"，这就是借助阳具体现他的价值。因此阳具可以成为个体自恋的客体，成为其引以为豪的标志。

作为阳具这个客体的存在，不论是对一个人自身还是家庭而言，都是非常受关注的。我曾经长时间的疑惑一个社会现象，在研究了俄狄浦斯相关主题后才明白。一些长辈，如爷爷、伯伯见小男孩很可爱，就会很亲切地跟小孩开玩笑，摸摸他的小鸡鸡，逗孩子问这是什么呀。有些孩子会不好意思，扭扭捏捏，而有些孩子会很自豪："小鸡鸡！"大人们会继续逗弄小孩："小鸡鸡干啥的？"小孩子毫不隐晦："尿尿的。"玩笑就会进一步升级："尿尿的为啥放那么低？把它招下来栽额头上行不行？"

这种现象有两重含义：一方面这是一个值得自豪的阳具，你可以理直气壮地放在最高处，让它雄起起气昂昂地站在最高处；另一方面含有"如果你小子不听话，调皮捣蛋，我就把它掐了，"这就带有阉割的威胁意义。

这个玩笑一部分是对阳具中心意义的肯定和自豪，拥有积极的意义，另一部分会带来阉割的焦虑。

内驱力的转化

内驱力是与生俱来的。既然如此，作为一个存在，就得尊重它，让它如其所是地可以表现、表达，这才是内驱力呈现的正常方式，也是一种正常对待内驱力的态度。

内驱力有爱的，也有攻击性的。它的表现有一部分是本我性质的，属于初级水平，是赤裸裸的、迫不及待的、直奔主题的、生猛的表达方式。这种"赤裸裸、迫不及待、直奔主题、生猛"的表达，让人感受到一个生命蓬勃的动力，但是也会让人觉得有些粗糙，不够细腻、不够有品位。时下流行的一个词叫"重口味"，把这种状态表达得恰到好处。既然有"重口味"，必然就有相对应的"有品位"。一个人即便有着蓬勃的生命力、强大的内驱力，如果总是用这种"重口味"的方式表达，也会让他人（客体）产生过犹不及的遗憾和难以应对的无力。如果它能够通过比较温情的、浪漫的、暧昧的、含蓄的、有情趣的、文艺范的、深情的，这些让人可以加以"品味"的方式表达，一来不失彰显内驱力蓬勃的生命力，二来也不会让这种汹涌的生命力总是以初级方式"强迫性重复"，从而可以把这宝贵的生命活力用于更高级、更有趣味的创造，这就叫作内驱力的转化，也称为升华。这就是内驱力的自我功能部分。

文学艺术创造都在表现这种转化的历程，比如我们看到一部作品，这部作品一方面是作者想要呈现给世人的、转化（升华）了的结果；另一方面也能看到作者想要呈现给读者、听者、观者的是转化的过程。内驱力转化需要历经艰辛，也许成功，也许失败。有些人很早就完成了转化，他就会去发展更高级的才能；有些人却是终身为之奋斗而不自知。从这个层面上来思考，是不是经历了内驱力转化后的人才能称之为"人"？过的才算是"人"的生活？或者很多人其实都走在成为人的路上，也许一直就是"半人半兽"。到底多少"人"情，多少"兽"性？比例搭配各不相同，良莠不齐，让人不胜唏嘘！看起来是人的人，真的可以称之为"人"吗？或者说每个人都只是"部分的"人？

内驱力从初级水平的"重口味"表达方式向次级水平的"有品位"表达方式转化的过程，需要一个人自我功能的发展、提升，自我功能在转化过程中发挥着举足轻重的作用。自我功能的高低体现在内驱力的表达程度和形式上。转换的过程就称为"去性化"，也叫能量中立化。不同的自我功能水平在转化过程中采取的方式和呈现的特点有天壤之别。

内驱力要寻找客体投注

内驱力需要有一个投注的对象，即一个客体。这个客体有时候是人，有时候是物，有时候是一种生理状态，如睡眠，让内驱力作为目标投注，得到满足。

怎么处理两者（主体和客体）的关系，体现出一个人的自我功能水平。个体内驱力天然的大小强度是不同的，总是在赤裸裸和去性化这两个端点之间不同的位置上；内驱力的表达方式也总是在绝对初级思维水平和绝对次级思维水平之间不同的位置上。不同的位置和水平表达方式是不一样的，引起他人的反应也是千差万别的。

我们引用《红楼梦》里的部分人物，来举例说明这些特征。曹雪芹笔下的人物特征各异，形象非常鲜明。

兴奋性客体（诱惑性客体）：秦可卿，是一个容易引起男人性兴奋的人。于贾宝玉而言，她扮演了一个诱惑性客体的角色。她曾经在贾宝玉的梦里出现，是贾宝玉春梦的幻想对象。在她的家里也隐隐约约地传出好像跟她的公公贾珍有一腿。之所以有这样的说法和风闻，就说明秦可卿这个人向人传递出比较明显的性兴奋和性幻想的信息。

在《红楼梦》的男性形象中也有这种风情万种的角色，是谁呢？贾琏，王熙凤的丈夫。贾琏本就是纨绔子弟，风流倜傥。在家里面有着不错的地位，但却招蜂引蝶，很是风骚。这也是一个诱惑性客体。

"拒绝性客体"：是指与那些性感的、容易激起他人性兴奋的诱惑性客体相反的另一种类型的人，与其相处时会激发人强烈的心理应激反应——紧张、警觉、恐惧，准备战斗或逃跑。这样的人在《红楼梦》里也有两位，一位是"未见其人，先闻其声"的王熙凤。见了王熙凤也会兴奋，但是跟王熙凤见面的兴奋不是性欲的兴奋，而是"好斗"的兴奋。第二位是宝玉的父亲——贾政。宝玉一见老爹就"哆嗦、紧张、害怕、想逃跑"。贾政和王熙凤这样的人就属于让人有压力的一类人，唤起他人的反应是"斗争"或者"逃跑"。这类人属于"拒绝性客体"。

"诱惑性"和"拒绝性"这两种类型的客体唤起他人的情绪情感反应，前者是"兴奋的、想靠近的"，后者是"拒绝的、想排斥的"，激发起的是他人低功能水平的内驱力的反应。这种反应叫色情化的反应。

高功能水平的内驱力表达引起他人的反应是"温和的、浪漫的"，与之相处让人感到"亲切、温暖、安全"，但同时又"有距离、有界限"，带来一种舒服、美好的感觉。

《红楼梦》里有两个人是让人特别舒服的。一个是老太太贾母，很威严，但又很慈祥、包容。所以贾母就是一个让人感觉足够温暖、足够好的客体。还有一个是"十二钗"之一的薛宝钗。这个人很能共情别人，比如对史湘云的体谅，让人感到舒服、温暖、亲切。与这样的人相处的时候，人们自然而然就会袒露感情、表达心声，也容易去亲近和接近，但会保持一定的距离。

内驱力的转化需要借助重要客体的回应

内驱力的表达是一个从初级方式到次级方式发展的过程。初级水平是表面性的、肤浅的，往往体现出原始的生理欲望要即刻得到满足的特点。次级方式则是在内心深处与客体情感的联结，深深的卷入。这就超越了初级水平生物性的、赤裸裸的、直白的表达方式。个体的内驱力表达从初级方式向次级方式发展的过程中，需要借助于重要客体的回应，帮助个体完成这个转化过程。所以重要的客体（以妈妈和爸爸的称谓代表）如何回应就起到了决定性的作用。

例如，一开始孩子内驱力表达在初级水平时，表现为如饥似渴地"抱着奶头不撒嘴"，恨不得把整个乳房吞下去。随着孩子的长大，慢慢地他那如饥似渴地吞噬乳房的需要就变成对妈妈整个人的需要了。对整个人的需要意味着不仅需要妈妈喂奶，更是对妈妈有了一定的情感依赖的需要。

给男孩父母的建议

一个"好妈妈"在和儿子的互动中，会允许、接纳儿子对妈妈的亲近、亲昵的情感表达。妈妈对儿子"需要亲近"的欲望的允许和接纳，会帮助儿子舒缓内心欲望的张力，使儿子的内驱力有一个表达、释放、低落、休眠再重复的过程。而且儿子会觉得这是正常的，会随着年龄的增长发展出次级表达方式，对自己的欲望加以节制，与妈妈建立起深深的情感联结。

一个"坏妈妈"（不共情的妈妈），可能会因为自己潜意识的焦虑、恐惧而拒绝儿子的亲近，这会让儿子误以为自己想要亲近妈妈的愿望是不好的、不受欢迎、羞耻的。如果这个妈妈不只是"拒绝"，甚至还凶巴巴地、吆三喝五地吓唬儿子，这会引起儿子对于妈妈的焦虑反应，在他脑海里会引起迫害性焦虑的想象，甚至导致内驱力的情感化过程受阻。

> 男，三十多岁，离异。外表是一个很矜持的人，但让自己困惑的是，他很容易和交往的异性发生性关系，有时候连窝边草都吃。他很疑惑自己到底是因为爱和异性在一起，还是因为自己就是一个放荡的人而和别人在一起的。如果他感觉自己是放荡的，这是让他难以接受的，但是他的行为却无法节制。他是一个干净利索、长相斯文、气质儒雅的男性。初接触时比较容易吸引异性，但是相处以后会发现他讲起话来，尤其是谈到与性相关话题的时候就很直白、粗糙。而他与别人的性关系中更多的是有性而无趣，仅限于身体上的满足，无法有更深入的情感交流。这也让他无法走进自己的独立婚姻生活，结果是他只要待在家里，就会与妈妈没完没了地吵闹、纠缠。
>
> 他的妈妈是一个脾气暴躁的人，缺乏一种情感柔化的能力。在养育他的过程中，妈妈无法良好地处理孩子对自己的情感需要，使得他的内驱力情感化的过程因此受到阻碍，一直滞留在初级表达方式。这是他无法走进自己的独立婚姻的原因，但是没有自己独立的婚姻又导致他只能在家里继续跟妈妈蛮不讲理地吵闹，如此形成一个"鸡生蛋，蛋生鸡"的无解困境。

那么男孩和爸爸之间呢？一个好爸爸怎么和儿子相处？

一个"好爸爸"是允许儿子跟自己竞争的，甚至能够接纳儿子胜利，超过自己，他会接纳儿子在爸爸面前展现自己愿望的状态。一个"坏爸爸"也会因为自己潜意识的恐惧，拒绝、排斥儿子的竞争，而且往往是"声色俱厉的、报复性的、吓唬的"，这就会让儿子觉得"竞争"是不被允许、不被接纳的，是要"被惩罚、被报复的"，甚至是"要被阉割的"。这会造成儿子的"阉割焦虑"反应。

给女孩父母的建议

女儿在生命初始阶段，和儿子是一样的，内驱力也是投向对妈妈乳房的占有，到了俄狄浦斯期内驱力兴奋性的器官区域就转移到对阴茎的占有。占有阴茎对于女儿意味着她期待着拥有创造小孩儿的能力。期待创造和占有阴茎是最初级的表现，内驱力要进行去性化和转化，变成深深的情感，需要爸爸有能力接纳女儿对爸爸的情感需要，想要靠近、亲近爸爸的需要，这种亲近会带给孩子爱和创造力的内心体验。

一个"坏爸爸"会给女儿带来什么样的影响呢？"坏爸爸"会因为自己潜意识的焦虑、恐惧而疏远、拒绝女儿，让女儿感到"被拒绝、被羞辱"，甚至如果爸爸态度严厉，训斥女儿，甚至打骂，更有甚者侵犯女儿，就会让女儿感觉到自己的情感是"不被允许的""羞耻的"，甚至是"丑恶的"，给女儿带来情感上的伤害。

一个"好妈妈"会允许、接纳女儿的竞争。妈妈和女儿之间良好的关系，会让女儿接受自己作为女人的价值感和自豪感。一个不接纳、拒绝女儿的妈妈，就会让女儿怀疑自己作为女人的价值和自尊感。

在女儿内驱力从初级阶段转化为次级阶段深深情感的过程中，父亲和母亲这两个人的角色都很重要。孩子只有得到一个好的回应，才能够比较好地、顺利地转换初级的表达。一旦转换得好，这个女儿的性格以及与异性相处时候的能力和方式就会大不一样。

临床上有些人太过矜持、太过压抑，有些人太过奔放、放纵，都可以从内驱力去性化的思路上去理解。但是临床上的具体情况会复杂得多，可能会几种类型的特点都有一点儿，但都不明显，也可能某几种特点都相当突出，而且交织在一起，错综复杂。要准确理解个案，需要在案例讨论督导中，针对具体的个案，做出独特的解读。

内驱力去性化水平的不同，可以导致个人性感表现的类型不同

如果一个人心理发展到达了性别认同的阶段，也就是俄狄浦斯阶段，他/她心理上的性别身份认同就会逐渐形成，外在形象与内心感受上就会体现出清晰的性别身份特征。既然要体现性别身份的特征，那么男人要有男人味，女人要有女人味，那就是通常所说的性感。但是，在一帮男人中、一帮女人中，每一个人身上所透出的性感味道、水平是各不相同的，这是在心理发展过程中，内驱力去性化的程度不同，导致的性感表达方式不同。也就是说性感的不同类型反映出了一个人内驱力的表现方式，是从原始的、本能的、赤裸裸的、直白的，过渡到含蓄的、优雅的、去性化的、情感化的表达方式。例如，生活中大致会出现如下形容性感的表达方式：

第一种类型：清新优雅型

有些人带给他人清纯的感觉，像一株娉婷的兰花，略带娇羞，矜持中散发出淡雅怡人的清香，让人感觉到愉悦、宁静。这种性感水平的人会给人情

绪上的清凉感，如饮甘露。此型可谓之"幽兰型"。

第二种类型：多情矜持型

有些女性如亭亭玉立、含苞待放的荷花，摇曳生姿、顾盼有情，让人感觉到有魅力、想靠近。这种性感水平是有魅力的，但却是含蓄的。此型可谓之"清香型"。

第三种类型：成熟自在型

另有一些女性则像绽放的牡丹，雍容大气、国色天香，饱满有活力，温暖又热情，自豪且自在，随性不逾矩，完全是一种自然绽放的状态。"你若盛开，蝴蝶自来"。这往往是对于那些成熟的异性充满着吸引力的成熟女性。此型可谓之"华贵型"。

以上几类对应于男性则可以用当下流行的网络语言描述为"阳光少年""帅哥""帅大叔"。荧幕形象中不乏"帅大叔"，透露出成熟男人"饱满的、自豪的、绽放的、有温度的"魅力。这种成熟的性感水平、性魅力是大多数人喜欢的、向往的、追求的。

第四种类型：激情冲动型

有些人的性感既不是优雅的兰花，也不是清新的荷花，更不是娇艳的牡丹，而是野性、热辣的带刺玫瑰。你不招惹它吧，看着馋得慌；你招惹它吧，它又会扎你。这种性感是张扬的、热辣的、狂热的、躁动的，同时又有诱惑、有攻击和害怕，犹如要赤手空拳去与猎物搏斗的感觉。此型可谓之"热辣野玫瑰型"。

电影《美国美人》讲的是一个中年男人与自己女儿的女同学发生的一

场艳遇纠葛的故事。电影中有这样一个画面：在一个飘满玫瑰花的大浴缸里，一个年轻的女孩蓦然脱水而出，这样的画面带给观众的躁动是震撼而持久的。

生活中，人们也常开这样的玩笑，戏谑为"荤段子"，其实就是"性话题"。很直白、很生猛，强烈的冲击力会让"胃口不好"的人听后"消化不良"。这种时刻，可以观察到：有人瞠目结舌、有人面红耳赤、有人频频换气、有人默默喘息，当然，更有人兴奋参与，推波助澜，也有人落落大方，一笑了之……这就是每个人内驱力去性化能力和程度的区别，决定了其应对方式的不同。

第五种类型：闷骚型

欲望和冲动还在，但是因为超我的压抑和内驱力的冲动之间的关系太过纠结，以至于个体不能轻松和通畅地表达。这种类型就属于神经症型。这一类的个体能够体验到自己内驱力澎湃的力量，但是又无法理直气壮地表达和呈现，所以就会以各种各样变形的方式呈现，形成所谓的症状上的焦虑、强迫和躯体形式障碍等等。

第六种类型：枯木型

这种类型着实让人可惜，像铁石枯木一样，彻底隔离和压抑了欲望的需要。"枯木型"还可以分为两个子类：一种表现形式属于"迂腐的好人"，迂腐到自己已经没有任何欲求了，也就是说他与自己内心的欲求彻底隔断了；另一种表现形式是"冷酷无情"的"僵尸人"。

第七种类型：阴险型

这种人与人相处是"阴险、邪恶的关系破坏者"，在为人处事上处处刁难使坏，以至于他做这些事情的时候，自己都不知道为了什么。或许可以理解为"阴险邪恶"就是其内驱力的表达方式。当然，从客体关系理论的角度可以理解为他的内驱力是以偏执分裂的状态存在的，他会把好的那部分驱力给自己留下，而把坏的那部分投射给外界的他人。即便是当他需要与客体联结的时候，因为这种内心的分裂模式，他也只会使用恩将仇报的方式来建立人际联结。

11
女性俄狄浦斯情结

俄狄浦斯期发生在心理发展的三到六岁时期。这个阶段的心理特征与以前的不同在于孩子性意识的萌动和性别角色的区分，在心理感受上孩子能够意识到父亲和母亲是两个不同性别角色的人。与此同时孩子也要确认自己心理上的性别角色，而在这个过程中，男孩的俄狄浦斯期发展出来的是与母亲的亲密和与父亲的竞争，而与母亲的亲密对男孩来讲是一脉相承的，所以这个时候他与父亲的竞争对他与母亲的关系上不会出现矛盾。但对于女孩而言就不一样了，因为女孩在俄狄浦斯期会发展出一个与父亲的情结及与母亲的竞争，这样她要经受与自己的俄狄浦斯期之前的客体关系经验感受模式的冲突。因此，虽然都经历了三角关系的冲突，但是女性的俄狄浦斯情结阶段的发展相较于男性要稍显曲折、复杂一些。

借助以下思维导图，我们可以更清晰地了解女性俄狄浦斯情结的概貌。

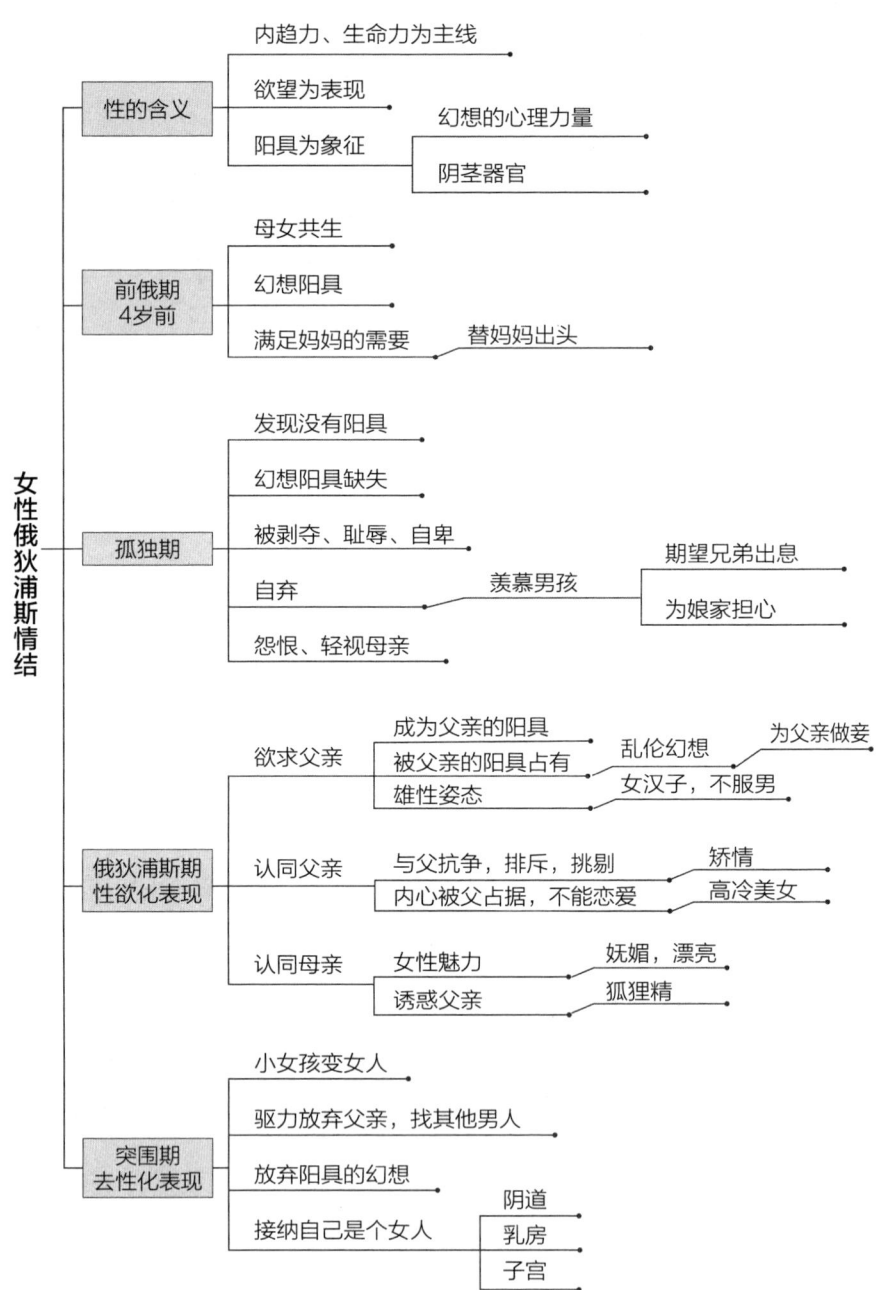

图3 女性俄狄浦斯情结

内驱力概念体系中性的含义

谈到俄狄浦斯情结的时候，有关于精神分析基本的概念假设是内驱力的假设。内驱力这个概念比较突出的代表现象就是性。在精神分析中说到性，有时候指的是关于内驱力的含义，有时候指的是狭义的关于男女两性的关系。内驱力概念体系中关于性有以下几层含义：

第一，生命张力：就是生命代谢发展变化的过程中个体内在的一种蓬勃的驱动力。

第二，欲望：从心理意义上来体会和理解性，它不仅仅是生理意义上的对异性的交媾需要，性的含义里有一种内在的、情绪的、情感的、欲望的需要，要看到在心理意义上欲望的含义、欲望的表现。

第三，满足的器官和对象：谈到性的时候，必然要谈到一些与性的或者叫内驱力的满足相关联的一些躯体部位。在精神分析的心理发展理论上就出现了口欲期、肛欲期、性器期等等的概念。

女性俄狄浦斯期四阶段

俄狄浦斯期是一个大致的时间点，对于不同的孩子来讲，发展可能会有一些差异。进入俄狄浦斯期的大致时间点是三到四岁。通常孩子会在三岁进入俄狄浦斯期，只不过有些孩子可能会提前半年或大半年，有些孩子可能会推迟半年或大半年。

我们把自己置身于一个女孩主体的角度去体验，带着这种感受来体会。

初始阶段

女孩在初始俄狄浦斯萌动期，她的内驱力在象征层面也用阳具来代表。这时候阳具既有自己可操控的性心理能力的幻想，也有一个对世界其他的客体发生影响的幻想，也就是说跟客体之间发生心理能量博弈、互动影响的幻想需要借助某个"家伙"来表达。阳具幻想代表了一种自己的自大、自己的全能。初始进入俄狄浦斯阶段的女孩和母亲尚处于一定程度的共生阶段。在女孩的幻想中，她可以用自己幻想的阳具的强大来满足妈妈的需要，她跟妈妈之间有性欲化的关系。这个性欲化不仅仅是指在性器官上的性欲化，还包括爱和拥有、情感满足的欲望要求、身体舒服感的获得等等，能带来身心愉悦和兴奋的关系就是一种性欲化的关系。

在这种关系中，孩子幻想中是她自己满足了妈妈的需要，这样使得母女的共生就变得非常紧密。如果一个女孩子与妈妈之间有非常强的黏附，或者是妈妈对女孩子有很强的情感黏附需要的话，假如刚好遇到夫妻关系不好，妈妈有时候可能会把自己全部的身心都倾注在女儿身上，然后把女儿变成像自己的一部分一样。她自己的喜怒哀乐也都是借助于女儿来满足的。

临床上有一种很有意思的现象——女儿替妈妈出头。这样的家庭关系前提是夫妻不睦，导致女儿与妈妈非常认同、亲密、一致，女儿可能会在母亲面前抱怨父亲、指责父亲，甚至排斥父亲，等等，等于说她经常会替母亲出面解决问题，甚至父母吵架她也跟着掺和。本来夫妻间的争吵、不合、矛盾应该是孩子的父母来解决的，但是因为这时候孩子幻想着她是需要满足妈妈需要的，所以她就会挺身而出，替妈妈出头。如此一来，这个家庭就会变得混战一团。有临床经验的咨询师会发现，在这样的家庭结构中成长起来的女孩，以后的婚姻生活是很困难的，因为她不太容易发展出一种与异性健康的关系模式经验。

正常的心理发展中，这个时期的特点并不会一直持续下去，毕竟孩子是要长大的。

孤独阶段

当孩子继续成长，她就会慢慢地远离妈妈，就会独立地观察世界、观察他人。这时候女孩子就会有一个新的发现，自己跟男孩长得不一样，人家有鸡鸡，自己却没有。没有鸡鸡的发现对于女孩原来以为自己是有阳具的幻想是个巨大的挫折。因为阳具的象征就是强大的、能干的、有力的，能够保护自己和妈妈的自体客体。女孩就会疑惑这是怎么回事呢？原来我缺这个东西，我压根就没有过。女孩阳具的缺失和男孩是不一样的，男孩一开始是有鸡鸡的，他发现有鸡鸡的时候是很骄傲的。因为俄狄浦斯期到来，会带来一个叫作阉割的焦虑，他害怕被人拿掉。但是女孩压根儿就没有，人家有，自己没有，这明显是比别人缺点什么东西，这种缺失就会给她带来一种被剥夺的感觉，带来一种不完整的缺失感，甚至带来一种自卑的感觉。如果这样的缺失感一直存在，就意味着这个人的心理世界还停留在俄狄浦斯期。

在孤独阶段，女孩子可能会出现一些幻想自己有阳具的行为，比如说女孩儿幻想自己可以长个鸡鸡，可以站着尿尿，可以给自己安装一个像水龙头一样的装置等。这些幻想最终都会在现实面前失败，站着尿尿是不行的，水龙头是安不上的，小鸡鸡是长不出来的。她在一个时期内陷入自卑和困惑，有些女孩可能由此就会对自己的价值、自己的成长、将来的成就、人生的方向和社会地位的追求等等产生一种失望或放弃的态度，就会出现所谓的女人不如男人、我不跟男人争、这世界是男人的世界等观念。这就是一种自暴自弃，这种自弃中可能会有对男孩的羡慕："你看人家有，咱没有，人家有优势，咱没有，咱算了。"

女孩子这样的自弃在一个家庭内部往往会出现这种现象：就是对自己

兄弟的期待、照顾、呵护、倍加付出，为娘家的事情特别操心。在传统的重男轻女的家庭模式中，好多人一定要生男孩。如果这个家庭中没有男孩，前面连生了好几个女孩，名字就叫招娣、来娣、盼娣、望娣、引娣、念娣……当最后好不容易生了一个小弟弟时，这个男孩就成了宝贝，命名为"大宝"，这个小男孩到来以后，所有的姐姐就会把自己的期待、关怀都施加在这个弟弟身上，都期望弟弟能出人头地、光宗耀祖。这就是一种羡慕、一种补偿、一种投射，也是一种自弃。

这种现象有时候可能会持续很长时间，在临床上我们会看到很多人对自己娘家的事情特别操心、特别关怀、特别关注。女孩在家里有时候就像一个替代的妈妈一样，去操心自己兄弟的事情，以至于她们甚至会忘我。无论是大姐还是小妹妹，妹妹有时候对自己的哥哥也变成了姐姐的角色。在此关系中的女孩子作为一个主体来讲，自身真实的感受是被忽略的，这意味着她自我的价值感不强，她会感到自卑、没分量。

有些女孩子在成长中就会有部分觉醒，这种不完整的觉醒症状之一就是怨恨妈妈：我怎么不是个男孩呢？是因为你没把我生成男孩的错。怪不得你把我送到姥姥家里去抚养，你们把弟弟留在身边，你们重男轻女。对母亲有怨恨的时候，同时也会有一种对母亲的轻视。女孩可能会想，你也是个女的，你也没长鸡鸡，凭啥就看不起我，就像流行歌词所唱的"女人何苦为难女人"。你看不起我，我也看不起你，其实你在这个家里地位也不怎么样，在这家里是男人当家，男人地位高。

孤独期是成长的动态过程中的一部分。如果一个女孩的心理发展保留孤独期的特征，在她成年时期的家庭关系中、在兄弟姐妹之间，可能会出现习惯性地主动放弃自己的需求，主动地指望自己的兄弟，帮助他们成功，牺牲自己的发展机会等这些现象。而到了一定的年岁，她就会很委屈、很痛苦。

为什么呢？追溯起来，可能是在俄狄浦斯期孤独阶段的一个情结、一种残留。

但是一般的发展过程中，孩子不会继续停留在这一阶段，她会从开始幻想自己是有阳具的、是无所不能、是满足妈妈的，到开始发现自己是缺乏阳具的，然后开始产生缺失感，然后产生怨恨，进而她会进入下一个时期——俄狄浦斯期性欲化阶段。

性欲化阶段

俄狄浦斯期性欲化阶段的特征表现是内驱力的需求一方面朝向父亲，向父亲认同，另一方面同时也要认同母亲。

内驱力朝向父亲的时候，她就会幻想着满足父亲的需要，成为他的宝贝，就是幻想着她能够成为父亲的阳具。显然这在现实中是不可能的，这个幻想是不能满足的。既然她不能成为令父亲满足的阳具，那么她是否可以拥有父亲的阳具，或者说被父亲的阳具所拥有，这就会出现所谓的占有父亲的乱伦幻想。这种乱伦的幻想对于那么小的孩子来说最初还没有乱伦的含义，它的含义更多的就是她要拥有父亲，就会出现想跟爸爸结婚的念头。当和爸爸一起玩游戏玩得很高兴的时候，就会说长大了她要嫁给爸爸，跟爸爸玩过家家、扮演婚礼。这些都是欲望指向父亲的表现。随着年龄的增长，显然这种要求不可能持续地以直白的方式呈现，后来就会慢慢地被压抑下去，要跟爸爸结婚的想法被乱伦的羞耻和恐惧压抑掉。但是这些欲望会一直潜藏在潜意识里，在以后的神经症发作阶段会若隐若现地浮现出来。比如说有些神经症的人，他们在做梦的时候可能会出现乱伦的梦。这些令人羞耻的内容在清醒的意识状态下是绝对不允许出现的，但是在梦境中可能会不由自主地浮现。

这种幻想，有些时候也可能会出现在白日梦里。

有一个三十多岁的已婚年轻女士，一次陪同父亲出席一个商务活动。她的父亲是一个非常帅气的男人，将近六十岁的人依然朝气蓬勃，明显是一位看起来比较年轻帅气、成功人士的样子。这个女孩长得也很漂亮，身材很好，衣着打扮鲜艳靓丽。当她跟父亲一同出场，在与一大堆陌生人接触的时候，因为没有做自我介绍和相互之间的介绍，她以一个女人的直觉，从那些陌生的眼神里会感觉到很多人好像都用一种暧昧、异样的眼光看着他们父女俩，他们似乎把她当成她父亲的小蜜了。可是她处在这个情景里，面对着这样的目光和感觉一点都不觉得生气，甚至心里还有一种暗暗的窃喜、一种得意。她觉得自己似乎有某种愿望得到了满足。

在性欲化阶段，当女孩的内驱力在寻求父亲的过程中，她就会把父亲的一些心理特征内化为自己所有。所以有很多女孩在手势、姿态、语气等等方面，会不自觉地有一些男性的神情。这些可能是她们在自觉地模仿父亲，也就是认同了父亲的特征。当有些女孩比较多地认同了父亲的心理特征时，就可能有一股男性的豪气，这个女孩可能经常会表现出不服输、不服气、不服男人，巾帼不让须眉，甚至有时候偏偏要展示出一种"我不是女人""我不比男人差"的豪气。这就是为什么有时候女孩会有女汉子气。

当女孩的内驱力指向父亲时，在跟父亲相处的关系上就会有一个"是否恰当"的分寸问题。如果她比较多地认同了父亲，这时候她在心理特点上就会有一点儿像男孩；反之，如果没有比较好地认同父亲，她可能会跟爸爸对着干，或者变得特别矫情、挑剔，甚至特别好斗。

如果女孩内心画面被父亲的形象过多地占据，她的心里只有父亲，没有别人，别人是进不来的。这就形成一个问题：这孩子永远是她父亲的好女儿，在她的眼里父亲永远是这个世界上最好的、最完美的男人，别人是无法代替的；这个孩子长大以后很难找到异性的恋爱对象，很可能会造成一种冷美人的现象。如果一个女孩长得很漂亮，身材也很好，看起来女性特征发育都很好，但是她对一般的男人不太感兴趣，这有可能是因为她内心谁都看不上，别人都难以取代那个完美的父亲。

俄狄浦斯期性欲化阶段特征表现的另一方面是内驱力要认同母亲：她会看到母亲作为成熟女人的形象和魅力，将作为她的一个榜样、一个模范，即她会看到母亲是如何成为一个对父亲有魅力的人，进而学会建立与男人的联结。如果发展得比较恰当，她身上会更多地继承和认同母亲的妩媚、漂亮、婉约等等女人味。

但是有时候不一定能遇到成熟的榜样，无法引导、帮助孩子向成熟的去性化过渡，就可能使得内驱力的发展停滞在性欲化阶段的需要特征上，从榜样那里学来的仅仅是一种诱惑男人的能力，这就是人们经常所说的"狐狸精"现象。狐狸精是既要有女人的外貌特征，但是同时还要有发自内在透出的性诱惑力。这种有着诱惑性女性魅力角色特点的人，意味着她具有俄狄浦斯期性欲化阶段的性格特征。

一般人都不可能停留在俄狄浦斯期性欲化表现的阶段，因为它还不是一个完全成熟的俄狄浦斯状态。所以说"狐狸精"也不是好当的，"狐狸精"的能力是装不出来的，一个已经发展到了去性化阶段的人不是说学就能学成个"狐狸精"的，因为学出来的不是骨子里透出来的，学得再像也是个盗版的狐狸精。成语"东施效颦"就是一个模仿失败而适得其反的例子，魅惑不成反倒被人嘲笑。

一个成熟的俄狄浦斯情结，最后是要从俄狄浦斯情结中突围，进入去性化阶段。

去性化阶段

突围俄狄浦斯期是通过去性化的过程完成的，这个过程借助于一个比较成熟的客体认同来完成。这种去性化的特点就是欲望不是以赤裸裸、重口味、口水流老长、吃相难看的方式来满足，而是以一种转化为深情、含蓄、期待、升华的，甚或是文艺范儿的方式来得到满足。欲望的需要从赤裸裸的即刻满足转变为含蓄、深情的满足，就体现出一个人自我功能的发展。当心理结构中的自我功能提升的时候，个体对欲望的满足就不是以初级思维方式——即刻满足的方式，而是加以修饰之后，延迟满足的方式。她会表现出以下几个特点：

第一，她不再是以小女孩的、傻白甜的萌妹子形象出现，会变成一个自立的女人，亭亭玉立的大姑娘样子就出来了，不再矫情、不再狐狸精、不再高冷。她会成为一个有魅力但个性边界清晰的、独立的女人。

第二，走出俄狄浦斯三角关系的纠结以后，内驱力的欲望满足就不再是朝向父亲，也不再与家里的人纠结了，而是欲望转向于寻找其他的男人，寻找自己人生的另一半。从小女孩变成女人，内驱力放弃对父亲的纠缠，然后转向自己找对象、结婚，找到生命的另一个男人。

第三，阳具这个术语的一个重要含义是内心的幻想，一种对性的欲望、掌控力量感的幻想。去性化的突围阶段也会出现逐渐放弃对阳具的幻想，情欲表达升华为喜爱、文艺。

第四，不再寻求自己有一个阳具，不再因为没有阳具就感到是有缺憾的、自卑的。她会认为自己本身就是一个完整的女人，完整的女人是天生跟男孩不一样的，所以不需要像男孩一样的阳具。她有自己独特的优势，比如说有阴道、子宫、乳房，这个时候女孩就变得亭亭玉立、自信满满，接纳自己。

这样我们就会看到女孩从俄狄浦斯期一波三折，慢慢走了出来，女孩经过了一段先恋母再恋父的转换，这个转换过程中还要处理好自己的缺憾。处理好这几个问题以后，这个孩子就比较顺利地、成熟地度过俄狄浦斯期。由此她会成为一个独特的、健康的、有自信、有自尊的女人，一个完整的女人，她会以自己是个女人而自豪。

12

《水浒传》：
一场典型的俄狄浦斯三角冲突

文学和艺术表达的故事内容就是某种社会的集体潜意识，也是人们内心状态的一种写照，把它作为一个故事写出来，反映了在当时的历史文化背景下，人们对于如何处理内心俄狄浦斯三角关系的态度。尤其是能成为经典的作品，意味着它经历了无数人的阅读和认可，它对人物性格的描写、刻画具有典型性、代表性。借助于对经典文艺作品的分析，可以让我们看到俄狄浦斯三角的普遍存在。本章我们用精神分析的视角来阅读《水浒传》，顺带欣赏一下"样板戏"。

故事，是个人内心三角关系的外化

一部作品既反映了故事里人物的性格、内心的三角关系，同时也反映了作者内心的三角关系。作者内心的三角关系是什么样的，就会在故事里把这个人物塑造成什么样的性格形象。文学史上具有经典意义的著作,它的人物形象一定是复杂的。因为人心就是复杂的,人物形象就会多种多样,在故事中就会塑造出各种各样不同典型性格的艺术形象。

我们在阅读经典时,要有这样一种思考:什么是现实的人物?故事中刻画的人物栩栩如生、荡气回肠,但是这种栩栩如生的人物是否就是历史上真实的人物?肯定不完全是,他们都是被塑造的人物,这些被塑造的人物反映了创作者个人内心世界的投射。当一个人物形象被创作出来时,固然有作者自己的投射,但这并不意味着这种形象不会被更改。因为阅读者会再次把自己对人物形象的理解投射到作品的人物身上。所以阅读就是一次再创作,阅读者又是一个再创作者,不同的读者在理解文学经典的时候就会解读出不一样的角度和不一样的评价。读者会又一次投射自己内心的内容在艺术形象上。这样在作者—作品—读者这三者之间好像也出现了一个三角关系。

造反者、统治者和权力宝座的三角关系

为什么选择《水浒传》作为素材来呈现俄狄浦斯三角冲突呢?第一,它是中国历史上最早使用白话文写作的章回小说之一。第二,最重要的原因是《水浒传》中人物性格的塑造和描写,能够比较广泛的代表当时社会文化背景下大多数人能够接受的人物性格塑造。

为什么说《水浒传》中人物有被广泛接受的性格基础呢?《水浒传》讲的是北宋末年的故事,成书是在明初,中间经历了元朝,当时在社会上流传的有关水浒的故事有一百多个版本,最后由施耐庵和罗贯中集结整理成为小说版。我们会看到《水浒传》的人物故事是相对独立的,因为书中的故事是由不同的说书艺人在不同的地域用不同的方式流传下来的,到元朝就有了各

种各样的说书艺人的话本在民间流传。艺人们在走村串巷的过程中，为了受老百姓欢迎，那么故事的人物、性格、特点、情节描述、人情世故就要符合社会文化背景的要求，在这一互动过程中形成了群众喜闻乐见的《水浒传》，因此人物性格更具有普遍的、广泛的代表意义，能被大众认可和接受。

《水浒传》讲的是北宋末年农民起义的故事。历史上不同时期对它的评价和传播出现过完全相反的两种态度。明代的思想家、文学家、评论家李卓吾认为，《水浒传》通过宋江等一百零八将聚众造反、起义、最后招安这样一个悲剧式的结局，表现出"造反没有出路，人们最后追求的结局应该是认错归顺，接受招安"。这相当于他给《水浒传》定性为教导人们忠孝节义，这得到了朝廷的认同，因此《水浒传》广为流传。

而清初著名评论家金圣叹对《水浒传》的评价完全不同，他对宋江等梁山好汉们很反感，认为他们是教人学坏、造反的，流传的结果就是盗匪横行。金圣叹为什么对宋江如此仇恨呢？他生活于明末清初，明朝灭亡造成清军入关，而明朝灭亡的原因之一是明末的农民起义风起云涌，到处流寇造反。很可能是金圣叹自己对造反派强烈的反感情绪的投射，所以他对《水浒传》的评价很负面。尤其对人物的点评，每个人都有正面评价，唯独对宋江没有一句好话。"宁恕群盗，不恕宋江"，可以看到他评价水浒的矛盾心态。他对《水浒传》给出的是"诲淫诲盗"的评论，清朝统治者本来就担心人民造反，就禁了《水浒传》，它从明朝的"忠义代表"到清朝变成"造反代表"。

《水浒传》在现代也经历了这样一个评价：是"革命"呢还是"投降"呢？这跟古时候评价它是宣扬"造反"还是"忠义"是一种思维模式，只是措辞不同。不管用什么语言描述，内在都是围绕对于造反者、当权者、权力宝座之间的三角关系的态度来展开的。统治者和造反者都在争夺权力宝座。权力宝座实际上就像三角关系里的妈妈；统治者是既得利益者，已经跟权力结盟了，形同"夫妻"；造反者是后来出现的，就像儿子。这样就会出现统治者和造反者内在心理上、心劲儿上的博弈，也体现了各自的心理、性格力量的较量。

一场典型的俄狄浦斯三角冲突

《水浒传》成书在明朝，当时已经是中国封建社会体制和伦理心态比较成熟的时期，所以作者的情感需要和伦理观念反映了当时社会文化背景下人们典型的集体潜意识。当一部作品被广泛认同，并成为经典名著的时候，这部作品所代表的集体潜意识的符号意义就很突出了。在施耐庵、罗贯中创作《水浒传》的那个年代，整个主流社会倡导"忠孝节义"，通过忠孝节义，把内心冲突的解决方式引向认同和归顺。但历史在不同的时期，不同的人，所处的背景不同，评价的动机也就不一样。

我们看到在水浒故事中，梁山内部也充满着三角关系冲突。首先故事本身就是一个三角冲突，造反者、统治者和权力之间形成三角关系。而在造反者和统治者争权夺利中，当权者占了先机。

好多人读《水浒传》就喜欢读七十回之前，主要写的是梁山好汉的快意恩仇，杀豪强、斗官军，揭竿而起，逼上梁山，等等，让人感觉一抒胸臆。到了后五十回，就麻烦了，郁闷了，大部分描写宋江掌权之后，开始寻求招安，梁山的日子就一天天委屈起来了。宋江被招安后还领着人去南方征讨另一些过去都是同盟的江湖豪杰，而且即便是后来取得胜利也没有得到好的结果，这就让很多人对故事的结局既叹息又疑惑。有人觉得好端端的一个水泊梁山，一群朝气蓬勃、威武阳刚的好汉，原本可以把日子过得风风火火、豪气冲天，最后怎么就混成了凄凄惨惨、七零八落的？让人不得不对《水浒传》

集体的发展战略进行反思和讨论。讨论中自然要关注到头领宋江，作为领袖他是怎么指导和引领大家的？怎么给大家把握人生大方向的？梁山的结局是最后散摊了，被人招安了，并且弟死兄残，人走马散，这结果肯定是当家的没弄好啊。这就免不了要分析梁山首领宋江的性格了。封建社会有一个伦理态度：忠孝是一回事，孝顺的人不违逆父亲，忠义的人不会违逆朝廷，封建社会的忠、孝伦理要求是一致的。宋江是一个孝顺的人，让这样一个人带着大家造反，显然是为难他了。必然的结果就是在三角关系的冲突中寻求妥协。这是我们从心理角度解读梁山最后的必然归宿：选择了宋江，就选择了一个妥协的人。我们带着俄狄浦斯三角的思路，从性格对人的影响会看到一个人的性格如何影响他的事业和人际关系的走向。如果这个人成为领导者，就决定了整个团队的归宿。

宋江是纠缠在俄狄浦斯情结中的人

我们谈《水浒传》更多的是带着对人物性格的心理学解读，第五章父子冲突解决之道中所说的第九型：投降归顺（招安情结），典型的人物代表就是《水浒传》里的宋江。

宋江的性格在《水浒传》里是最为复杂的。他不像李逵，也不似武松、林冲等等性格相对单纯、典型、鲜明。单纯的艺术形象塑造起来比较容易，复杂的性格塑造起来就难度大了。因为复杂，所以多变，塑造不好就把这个人写烂了、写垮了、写扯了。从行为方式上看宋江不是一个干脆利索的人，而是一个黏糊的人，虽然他也有振臂一呼、愤然挺立的时候。他并不是当了首领后变得不利索的，上梁山之前他就是这样一个瞻前顾后的性格。他不像很多人是被逼上梁山时，很义气地就揭竿而起，他上山的过程表现得纠缠不清。

小说中，宋江出场时对他的描述是："善于结交各路江湖英雄"，他交朋友没有明显的标准和取向性，黑道白道通吃，体制内外兼顾；还说他是"自幼熟读经书，长成宜善权谋"，"为人面带三分笑，不可全抛一片心"，表明他虽然表面上对人都很和气宽容，其实做事是有自己的内在标准的，这种原则性经常被宽容厚道的外显行为遮住了。宋江在官场上"刀笔纯熟，吏道精通"，是一个八面玲珑的人，这同时也说明他性格的矛盾性。

所以他做事情总是在和稀泥，说得好听点儿就是寻求妥协，在冲突的两难中摇摆不定。他在县衙做小吏时，县官让他办生辰纲案，他就给晁盖通风报信。晁盖等人逃跑后造反上山，他又说他们不应该。

他好心好意纳了阎婆惜做了小妾，收了房就好好过日子吧，他又不好好过，不跟人家女孩同房，冷落人家，最后阎婆惜和别人私通了他也睁一只眼闭一只眼。

他坐牢坐得也不老实，跑出去吃酒题"反诗"，题了"反诗"又不敢承认，想装疯卖傻，蒙混过关。

他数次万般无奈之下上了梁山，算是造反了，但造反又不彻底，每每辞别大家下山"从良"。"从良"却又不安分，整出乱子让梁山人马下来救他，救了以后请他上山，他又不上山，非要再回到监狱里去。

他上了梁山做了头领，又在反复思量怎么招安，认为招安是给大家谋一个好的前程。所以读者眼见他做事总是矛盾来犹豫去的。

这种性格特征有点像强迫症。强迫症的心理动力学解释之一就是处在三角关系的俄狄浦斯冲突中没有顺利渡过，纠缠在冲突之中，导致内驱力不能得到满足而退行到前俄狄浦斯期，固着在相对满足较好的肛欲期，形成与权威之间的对抗，表现为控制与服从的冲突特点。所以宋江是一个沉溺在三角关系冲突中的人，心理状态并没有完全从俄狄浦斯情结中突围出来。他一方面想造反，另一方面又想招安。他不能做一个清晰的决定，既不能独立，又不能离开，一直纠缠在三角关系中。

对于宋江来讲，招安就是在他内心处理三角关系冲突最好的一个策略。梁山英雄是造反者，朝廷是统治者（既得利益者），权力对宋江来说，他是既想得到又害怕得到，所以他的造反不具备彻底的革命精神，他的底气不足。于是他就想寻求一种妥协的方案。他是这样说的："等到弟兄们将来受了招安，有个功名，博得个'封妻荫子'，也算是一个好前程。"这种说法的意思是："那好吧，亲爱的皇帝老爹呀，儿子我现在学乖了，听话了，不惹您老人家生气了，也不打您了，也不骂您了，也不赶您走了，咱俩和好吧。您给我分几亩地种种，给我个官当当（您把既得利益给我分一些），我与您和平共处。您看这样行不行啊？"这就是他内心处理三角关系的模式。

宋江为什么会是这样一种处理与皇帝的关系模式呢？这就要看他和父亲的关系模式经验了。他对父亲一直言听计从，很孝顺。当他首次被逼上梁山时，已经准备落草为寇。结果朝廷有人知道他的性格，假扮他弟弟给他写了一封信，说父亲病危了，你快回来看看吧。宋江是个孝子，见信痛哭不止，悔恨自己的不孝行为让父亲生气患病，决意要在父亲临终前看上一眼，结果一回去就被抓了。我们从他跟父亲的关系中可以看出他有很强的内疚感，这就造成了他的妥协性。

我们不能说宋江这样做是好还是不好，他就是这样一个人，就是这种性格。但是这样的性格做首领有时候无法给弟兄们一个痛快的交代，本来大家就是一起打家劫舍、造反起义、夺取天下的，你要招安让我们怎么能服呢？哎，你看，宋江就使了这么一个招，他用了精神分析学的策略，在完整的俄狄浦斯三角中镶入了一个不完整的俄狄浦斯三角，即用把好的客体与坏的客体分开的方式。他说我们不能把统治者集体当成一个整体，他们由两个部分组成，一部分是好人——朝廷皇帝，一部分是坏人——贪官污吏。这样就把好的客体投向皇帝身上，把坏的客体投到贪官污吏身上，这样就制定了一个只反贪官不反皇帝的斗争原则。这也是解决问题的一个策略，很好地解释了梁山为何可以与朝廷和解。大家要认可朝廷好的部分，也看到朝廷不好的部分，要斗的话只和贪官污吏斗。这就像我们看到的不完整的俄狄浦斯情景，小孩对于妈妈的态度：当对妈妈失望的时候就把这个不好投向爸爸或者奶奶，爸爸成了"大灰狼"，奶奶成了"狼外婆"，一个完美的妈妈就可以留在心里，这样就感到妈妈比较安全，相处起来安全、容易。

那问题就来了，有人是不喜欢这样一个结局的。比如坚决的造反派，像李逵、武松、鲁智深等就很不喜欢被招安，一听招安就很生气。可是问题在于既然有人不满意宋江当领导，为什么不把他换掉，这么多人还三番五次地请他坐第一把交椅。这种现象非常值得探讨。第一，从现实上讲，有相当一部分人是希望招安的，因为他们当年的身份就是为官为吏的，甚至是将军、富豪。他们内心可能对自己将来生活出路的谋划也是"封妻荫子"，谋个一官半职。第二，正如我的同道清华大学的刘丹教授所说，虽然梁山好汉个个都是"风风火火闯九州，该出手时就出手"的人，都很爽快，打打杀杀，不拘一格，冲动任性。大家偏偏还要固执地一致请宋江回来坐第一把交椅。说明在大家心里对自己冲动的性格特点是不放心的，感觉不安全的，这种状态自我驾驭起来是有困难的，所以大家需要有一个具有妥协性格的人来把关。

我们开玩笑说如果梁山重新选举，选李逵行吗？大家哄堂大笑，绝对不可能，如果李逵当选，过不了几天就散摊了，因为这个人没谱，太情绪化、太冲动，做事情没有长远的打算，没有深思熟虑、左右逢源的能力。作为一个集体还是需要一个具有妥协性格特点的人来给大家把关。

这也符合心理结构理论里自我、本我、超我的三角关系。我们不可能让本我恣意妄为、贪婪淫荡、逾矩犯规，我们也害怕让超我太过严酷，把人收拾得服服帖帖、规规矩矩、委委屈屈。我们总要找一个恰当的方式来平衡，那就是自我功能，也就是妥协的能力。宋江这种妥协的性格特征也正是梁山群体需要的。所以各方利益博弈、均衡、妥协，达成和解，结果就是梁山的第一把交椅非宋江莫属。

用俄狄浦斯三角评估水浒人物性格

在群英荟萃、豪杰辈出的《水浒传》里有几个典型的人物值得我们分析。用精神分析的俄狄浦斯三角理论去评估其性格特征的话，可以看到他们各有千秋。宋江是一直纠结在俄狄浦斯冲突中犹豫不决的人；李逵没有进入完整的三角关系，而是处在二元关系中冲动任性的人；武松更多的是处在一元关系的自恋状态里，是一个理想化的纯洁英雄形象；林冲是在三角关系里被彻底阉割的软弱形象；鲁智深是一个成功地度过俄狄浦斯三角关系的敢作敢为、分寸得当的成熟人物形象。

我对这些人物进行了梳理，借助于文学经典的形象来理解、体会俄狄浦斯三角理论对人格特点的评估。

"怂管"：李逵性格中的偏执分裂

李逵的性格特征属于前俄狄浦斯期不完整的三角关系特征。这就意味着一个人对待三角关系中的另外两个人时是一种断裂的态度，就是把好全部投在一个人身上，把坏全部投在另一个人身上。如果一个人成年后还具有这样爱憎分明、任性冲动的特征，就表明他存在人格障碍。

李逵的防御机制是情感分裂，具有对待客体爱恨不能整合的分裂特点，做事待人态度鲜明而且执着。比如在李逵眼里，如果你是梁山弟兄，那就二话不说，毫不计较，可以一起喝酒吃肉、交心；如果你是朝廷的人、是敌人，那就杀你没商量，打你不犹豫。这种分裂的态度可以表现在对待不同的人身上，也可以表现在对同一个人不同的时间段。比如《水浒传》里，李逵出场时有一段很戏剧性的情节，戴宗和宋江在楼上吃酒，说没有好菜，李逵马上起身就去楼下的江上找鱼。因为抢人家的鱼，李逵跟"浪里白条"张顺打将起来。在岸上张顺不是李逵的对手，就逃到船上，用激将法辱骂李逵。李逵中计愤然跳上船，张顺把船划到江心将船蹬翻，李逵落入水中被张顺打个半死。危急时刻宋江和戴宗出现，高呼："是自家弟兄！"张顺才把李逵拖上岸抢救。李逵被救，苏醒后的第一个反应就是立刻扑上去还要接着打，宋江出面阻拦说都是自家弟兄。就因为宋江"都是自家弟兄"这句话，李逵的态度来了一个一百八十度大转弯，顿释前嫌，化敌为友，跟张顺勾肩搭背，一起喝酒。

这么迅速的情绪化的转变态度，对于一般人来讲是做不到的。即便有人从中调停，也不可能突然间就来一个一百八十度的大转变。李逵就可以做到，他是一个切换非常快的人，给我们的感觉是任性和随机。这种任性和随机在李逵身上表现为爱憎分明，爱恨不能整合的特点，这种性格形象在文学作品中有时候还是很招人喜欢的。因为我们大多数人正常情况下都是神经症水平的状态，做人处事经常顾忌到分寸、面子、人情等等，我们不能痛痛快快地表达自我，比如想出手时就出手，想打谁就打谁，想骂谁就骂谁。所以当我们看到李逵可以赤裸裸地、肆无忌惮地、张扬地、恣意地表达自己的爱恨情仇时，让人感叹道那是多么痛快的宣泄呀！所以我们就把自己想要痛快直白的宣泄内心情感的需要投射到李逵身上。请问，如果有李逵这样一个人在你的办公室、你的单位、你的邻居中，你会如何对待他呀？你会喜欢上他吗？恐怕是比较困难的。因为你要喜欢这样一个人，你得有多大的心理能量、容量，才能容下这样一个做事情出格的人。

在生活中，在我们的周围，李逵实际上就是我们常说的那种做事不管不顾（"怂管"）、不计后果的"二杆子""半吊子""二百五"。你和这种人相处要非常小心，因为他一言不合就翻脸，容易冲动，说话办事没轻重。如果家里孩子捣乱不听话，就可以吓唬他："再不听话，铁牛哥哥来了！"小孩就不敢闹了。如果说你家儿子、外甥、侄子是个"李逵"，那你恐怕会头大得像水缸，说不定哪天就给你惹事儿，你只有等着给他"擦屁股"，收拾他闯祸留下的烂摊子的份儿。这种性格的人远远地欣赏起来好玩，相处起来可就不好玩了。

宋江看起来让人感到窝囊、难受，但与他相处起来会舒服，因为他顾虑多，跟人相处总照顾这个，考虑那个，为别人想得多，想让每个人都舒适，会让别人感觉舒服。李逵只会让自己痛快舒服，但会让别人不那么舒服。这就是人格障碍和神经症的差别，人格障碍是内在消化不了的向外投射，而神经症的人都努力地把与他相关的人和事向自己内心容纳，尽可能妥协，而这种妥协会让自己感觉很累。

李逵在对待宋江的态度上就是明显的早期二元关系的特点，更像是一种母婴关系。他一旦认可、信服宋江，就变得不加判断地信任，像孩子一样完全把自己交给妈妈，和妈妈融合在一起。所以李逵对宋江是最为忠诚的一种信任。以至于故事结尾时，朝廷给宋江送了毒酒，宋江把李逵召来一起喝，李逵也心知肚明是毒酒，因为"这是哥哥让我喝的，我就义无反顾，听哥哥话喝了"。而宋江的解释是"害怕我过世以后没人管你了，怕你像个孤儿一样"。宋江是放心不下李逵，就像一个妈妈去世时放心不下一个在襁褓中的孩子，让孩子跟她一起去。李逵这时候也表现得非常淡定、镇静、自如、信任，要跟宋江一起去。李逵对宋江大部分时间几乎是对妈妈的完全依赖。但是永远会这样吗？一个孩子对妈妈会永远是信任和融合的吗？在信任和融合的妈妈身上不会发生失望和愤怒，不会发生攻击性爆发吗？会的，一定会的。

有人会说，看起来李逵对宋江很忠诚，关系很稳定呀。这是忘了李逵怒打宋江，事后又负荆请罪的故事情节。这说明当李逵自认为的正义感上来了，连宋江做了"坏事"他也是不认可的。

在李逵和宋江之间曾经发生过一次严重的信任危机。李逵一次下山发现一户人家处在危难中，李逵好心要去帮忙。这家主人说女儿将要被宋江抢去做压寨夫人，明天成亲。一家人正陷入无助和恐惧当中。李逵听到宋江竟然干这种抢占民女的事儿，对他万分失望和愤怒。这简直是把他内心一个美好的英雄形象给毁了，一个内心的靠山倒了。愤怒之中他要去杀了宋江，不管宋江怎么解释都不听，直到被人按住，解释并请姑娘及家人上山对质才发现是别人假借宋江的名号吓唬老百姓，为非作歹。李逵知道真相后幡然悔悟，羞愧难当，便负荆请罪，但宋江并没有与他计较，只是训斥几句，告诫他以后做事不可冲动。这是一个好妈妈和一个不懂事的孩子之间的关系模式。

"不懂"：武松性格中纯洁美好的理想化自恋

这是一个典型的完美英雄形象，很让人喜爱。武松是很多儿童、青少年心目中理想的、纯洁的英雄。他的性格表现出的几个特点，都是一个自恋的人所需要的、完美的理想化自我状态。尤其对儿童、青少年来讲，这个自我理想化完美的形象非常重要，他会成为自我认同的良好榜样。

武松的性格特点是：第一，武松有盖世武功。这往往是儿童、青少年自恋全能感的理想化需要。武松武功高强、天下无敌，能降龙伏虎、除恶扬善，以至于在景阳冈饮酒十八碗之后还能打死老虎。这种气吞山河的气势一般人难以做到。这在一个孩子的幻想中是多么强大威武啊。

第二，武松不近女色。武松不谙风情，不会遭到性问题的污染。性的污染有那么可怕吗？对于一个纯洁的英雄来讲，性的污染是非常可怕的。有句话叫"英雄难过美人关"，即便是英雄，遇到美人的时候，遇到"性"的诱惑时，一般是抵挡不住的。过不了美人关的英雄只能算是一般的英雄。而武松是能过得了美人关的超级英雄，是超过一般意义上的英雄的独特人物，而这种品质正是自恋理想化需要的青少年期待的。他有屡次与美人擦出感情火花的机会，但是都被他大义凛然地拒绝了、战胜了，把那凡人的情欲荡涤了。

比如武松遇到潘金莲的时候，潘金莲有一次在大雪纷飞的冬天把武大郎赶出去挣钱，制造了她和武松独自在家的机会，温了一壶酒，炒了几个菜，营造了一种浪漫的气氛。酒喝至半酣，潘金莲想引诱武松，将喝了一半的酒递到武松的嘴边，说："兄弟若有意思就喝了这半杯酒。"武松非常焦躁、愤怒，抬手把潘金莲的酒盅打掉，说了一句"嫂嫂你自重"，然后扬长而去。这个情节里我们看到了纯洁的武松，是一个能够战胜情欲诱惑的英雄形象。

武松第二次拒绝诱惑是"武松醉打蒋门神"那一段，张团练作为一个地方武装的领导干部，请戴枷服刑的囚犯在家喝酒，这是给足了武松面子。张团练在酒桌上给武松介绍家里的丫鬟玉兰，有意把玉兰许给武松。虽然武松没有答应，但是看得出来玉兰对武松也有些心动。可是这本身是张团练下的一个套，半夜武松被惊醒说家里进了贼，武松出门帮忙捉贼的时候，结果自己却被当成贼人反咬一口。当武松知道了这是张团练设局陷害他，决意报复，他出逃之后非常果断地把张团练一家灭门斩尽，包括对武松有情有义的丫鬟玉兰。

《水浒传》中描述的武松铁石心肠，出手果断，杀人的时候没有丝毫的情感波动。这让我想起当年电视剧《武松》热播引起观众的情绪波动和评价。20 世纪 80 年代初，中国大陆第一部古装电视连续剧就是《武松》，主演是祝延平，当时影响很大，几乎是万人空巷。我们当时刚上大学，年轻人热血沸腾，看到这部连续剧兴奋不已。原本令大家非常赞叹的电视剧演到最后一集的时候惹事了，遭到观众空前的臭骂，大家都在骂导演、骂编剧。因为故事中竟然演出了武松的柔情和软弱，表现在杀玉兰时武松手软了，心疼了，目光犹豫了。我们认为的武松应该是不为任何情感所扰动的英雄，这个结局的处理破坏了好多人心目中的英雄形象。这种愤怒和失望，不仅为青春年少的我们所有，而且为大部分观众所有。这说明在那个年代，大多数人心里理想的、纯洁的英雄应该是什么形象，我们不容英雄的形象被玷污。对美色动心，玷污了英雄光辉的形象，这在心理意义上是把我们自己内心理想的纯洁玷污了。所以武松是一个处在理想化中满足自恋的英雄形象，是前俄狄浦斯期的性格特征。

"不敢"：林冲的性格是精神遭到阉割后的怯懦

林冲是典型的俄狄浦斯性格特征，是被彻底阉割的性无能者的形象，也代表了被文化和社会规则彻底奴化了的人物形象。他在遭受百般屈辱时都不敢反抗，委曲求全，当他被陷害、被出卖、被欺侮的时候，一直都是退缩忍让、服从，期待别人能够饶过自己，放过自己。即便是被朋友出卖，即便是衙内调戏了他的妻子，侮辱了他的自尊，他依然没有强烈地抗争，竟然还乖乖地服从了判决去服刑，竟然在服刑前，还自以为是为了保全妻子的名节，一纸休书把妻子休了，导致娘子因他不负责任的抛弃而含恨自杀。生活中有大量这种性格的人。有人说林冲不也上山了吗？不还坐了第五把交椅吗？我们要看到林冲的上山是在被逼无奈下的一种报复性的反弹。在风雪山神庙，陆虞候要设计置他于死地，他是走投无路时被逼上梁山的，而不是自觉自愿地选择上山的。所以林冲是典型地被逼上梁山。在大多数情况下，他的人格状态是彻底的服从者、彻底被奴化的人、彻底被阉割的性无能者。

"不怕"：鲁智深性格独立、善恶分明、分寸得当

鲁智深是一位性格鲜明的英雄，是保持自我独立的人格特征，成功度过俄狄浦斯冲突的成熟性格。为什么这么说？因为他的自我边界明确，做事态度坚定，行为果断有力，同时具有妥协让步，处事讲究分寸、策略的特点。鲁智深也在打抱不平，但是他在打抱不平的时候比李逵有节制，比林冲敢担当，是非分明，态度明确清晰。他不仅能拳打镇关西，而且在林冲被欺负时是他挺身而出，替林冲挥拳出气，而林冲自己都没敢出手。

鲁智深处事能坚定地坚持自己的态度和立场，同时又不冲动，有礼有节。

在东京给大相国寺看菜园子时，有一帮泼皮来偷菜，鲁智深采取的策略是，把他们狠狠地揍了一顿，扔到粪坑里，让他们接受教训。鲁智深不但通过倒拔垂杨柳的举动来威慑，而且还能把这些明知道成不了材料的泼皮二溜子收服在膝下使唤调遣。若是李逵遇到这种事情，可能早把他们的脑袋砍掉好几次了。

还有一个故事情节是在野猪林里救林冲。董超、薛霸两个差人收了高俅的贿赂，密谋要在押解的路上将林冲除掉，行走到野猪林，正要下毒手灭口

时，鲁智深从树林背后审出来将这两个厮一顿暴打，两个人被打得服服帖帖，跪地求饶。这个情节说明鲁智深是一路跟踪而来的，他能沉住气，暗中观察保护着林冲，不到情急的关键时刻不会任性冲动，轻易出手。而且鲁智深也没有任性义气地把两个差人直接杀掉，而是征求林冲的意见，看林冲想怎么处理。林冲认为差人是替人受过，自己还要继续认罪伏法，靠他们照应，希望鲁智深高抬贵手。鲁智深做出的决定是："那好，就不杀他们二人。"但交代他们好生照顾林教头，并对林冲讲："兄弟你要这样处理，我尊重你的想法和要求。"如果类似的事发生在李逵身上可就不是这个结局了。他可能挥动两把大板斧，不管三七二十一，犹如砍瓜切菜一样，喊哩喀喳，把两个差人的脑袋像剁西瓜一样全剁了下来。而这种剁西瓜一样的打打杀杀，在梁山英雄劫法场的时候对李逵的描述就是这样的。

此外，鲁智深的性格特点相当稳定、有主见。比如说在梁山英雄中大家对招安的态度，鲁智深很清晰、很明确地表示不同意，但是当集体的首领最后做出接受招安的决定时，鲁智深选择服从大局。他的内心清晰、稳定，他知道妥协退让，他知道有分寸、有策略地与人相处。但他做事情、杀伐决断非常果断，干脆利索，不似宋江瞻前顾后、犹豫不决；与李逵相比又有分寸和节制。

"不近女色"：水浒英雄无法面对内心的性意识

之前罗列的《水浒传》里的江湖豪客都是男性，好像说起"梁山英雄"，就只有充满了雄性的、阳刚的、粗粝的男人，而与温婉阴柔的女性形象无关。事实是这样的吗？似乎也不尽然。

实际情况是，《水浒传》的一百单八将里，一百零五位是男性，还有三位是不折不扣的女性，当然也是能杀能战、豪气冲天的英雄女性：母大虫顾大嫂、母夜叉孙二娘、一丈青扈三娘。三个地地道道的女人，三个完完全全不女人的称号。

"母大虫"倒是"母"的，不是公的，可这得有多丑陋粗粝，才配此称号啊！第二个上来就是"母夜叉"，也是"母"的，可她是封神榜里既丑又毒的巡海夜叉吗？第三个，"一丈青"，这个称号有女人味吗，只能说很中性，但扈三娘也确实被称为梁山最美丽的一朵山花，一朵被无妄灭门，被逼上山，被迫下嫁，被无情地改变了整个命运的山花。所以，整篇巨作中，她基本缄口不言，沉默不语。三句吼在生死关头的话，皆是跟她生死关头的杀伐决断一样，喷薄而出。不能不令人掩卷唏嘘，伏心沉思。

为什么会这样呢？可以看看《水浒传》里，大宋年间也不乏年轻美丽、豆蔻之年的潘金莲；妖娆娇艳，令和尚望之都迷醉的潘巧云；天香楼能笙歌善燕舞的头牌阎婆惜。哪个不是人间极品，善解风情，体察人意。可其下场都如何呢？被"剜出心肝五脏"的潘金莲，被大卸八块的潘巧云，被"伶伶仃仃，滚落下人头"的阎婆惜……怎一个"惨"字了得！

所以，梁山上三个女英雄如何使得"女人味"，如何留住"女人香"，如何说得"女人言"，只好"呀呀一叫，提刀就砍"了。

可见，与元明清众多文艺作品一样，在《水浒传》中，女人的美丽是错误的，女人的美丽更是原罪。众所周知，《水浒传》前身来源于《大宋宣和遗事》，该书由讲述历代帝王荒淫误国开始，一直写到宋高宗定都临安为止，加插了宋代奸臣把持朝政致使生灵涂炭的故事，也为写梁山英雄聚义做了对照，因此成为《水浒传》的蓝本。书中就详尽描述了女性祸国祸英雄的种种，为后人之所戒。施耐庵、罗贯中没有逃出这个价值观的框架。让一群如花似玉的美人天天围着梁山男神，说什么呢？怎么写台词呢？可能也是为难作者了。

所以我们就看到，在评价是不是梁山好汉，评价是不是真英雄，评价能不能跟着公明哥哥干，有一条硬杠杠的标准："不近女色。"我觉得还可以跟一条"别做女人"。那当个好汉为什么就不能近女色呢，是没要求吗？那么一个顶天立地的男人的基本需求呢？莫非是没胆量吧？那就是害怕了，他到底怕什么？怕谁呢？自称江洋大贼，那贼心呢，贼胆呢？一群打家劫舍，桀骜不驯，无法无天的男人，怎么就不敢跟年轻漂亮的女人搭话呢？

于是乎，进得梁山的几个女子，对不起，请收起你的美丽，收起你的妩媚动人，把你打扮成恶狠狠、凶巴巴、五大三粗的样子，哥儿们跟你相处才能舒服一点、轻松一点，才能松口气。你是我们好汉队伍里的一部分，你得让我们跟你朝夕相处无顾虑，收起你的妩媚迷人，我们才不会分心走神，才不会春心荡漾，才不会乱了方寸，犯下错误。

你看，我们害怕与在山下遇到美女的那些英雄一样，被美蛊惑，被性激活，被"淫"所污，被女人折了一世名节……

而我们看到的是整个水泊梁山、整本《水浒传》所构建的群体英雄形象的底色是无法面对内心被唤起的性意识、性冲动、性感受。这群英雄好汉，从这一点上讲是多么的可悲可叹，而这份尴尬，何尝不是中国几千年来男性的悲哀和不幸啊！

"红颜祸水"：《水浒传》无法处理的与女性相关的内心冲突

《水浒传》里，一旦出现性意识、性冲动、性感受的情景，作者就会采取一个心理防御策略，让故事进入这样一个逻辑模式：你虽然是女人，虽然是跟我在一起，但是我得让你没有女人味。为什么呢？因为只有让你不是女人，我才能不被诱惑。你只要引起了我的性冲动，我就要赋予你一个符号，下一个定义：是你"勾引人的"，你是"祸水"，你是"害人精"，我必须除你而后快，你就该被钉死在耻辱柱上，而我还是大英雄。

故而，《水浒传》里的女人，但凡有点女人味的，漂亮一点的，妖娆一点的，跟男人有了点性情故事的，在凄凉寂寞中，在无视与轻贱中，在不幸与灾难中，想获取一<u>丝丝</u>温暖，得到一<u>丝丝</u>安慰，听到一<u>丝丝</u>认可，最终，都落得个惨绝人寰的下场。

我们看到，在那个时代背景下，人们对好汉英雄的定义是：他们需要保持纯洁，而性会让一个人受到诱惑，会让一个纯洁完美的英雄被玷污。所以性是危险的、可怕的、不应该有的，只有跟哥儿们在一起打打杀杀、吃吃喝喝，才是纯粹的、安全的。这表现出整个好汉群体处在前俄狄浦斯期，一种与性别没有分化的自体客体共生状态，大家相处像是孪生的关系。因为很难建立一种完整的，与活色生香的性成熟女人轻松相处的方式，让自己成为既有英雄的豪侠气概，又有儿女情长的温暖可亲形象，于是作者只能把女人的形象分开，角色分成两类：一类是没有女人味的，和男人一样粗野的；还有一类是有女人味的，会让他们受到诱惑的。这说明在那个时代文化背景下，作者，还有大多数人是不能处理内心冲突，不能理直气壮地接纳正常的、有性成熟内涵的异性客体。更多时候用二元关系的方式相处两人关系比较容易，和母亲般的女人或者和去性化的女人相处都比较容易。这些人像自己一样，或者把他们当成自己的一部分，退行到共生状态。

"样板戏"里也在回避"性别关系"的话题

"文化大革命"时期文化艺术领域基本是百花凋零，所有传统的文学作品都不加选择地被当成"封资修"予以否定，能接触到的就是八个样板戏。从戏剧专业上来说，八个样板戏的确被加工打造成了艺术技巧上难以超越的经典作品。但在这仅存的几部作品中，我们不无惊讶地发现：所有样板戏里的人物形象，不管是主角还是配角，都是单身，无配偶，更无相好的异性。无论是哪个年龄段，无论老年人、中年人、青年人，甚或儿童，无论是什么性别，男女不限，竟然都没有相爱的、相恋的、相处的异性对象。跌宕起伏的剧情里，从头到尾，就少有成双成对出现的人物。《红灯记》里李奶奶没有李爷爷，李玉和没有李婶，铁梅青春年少更不用说谈对象了。《沙家浜》里的胡传魁、刁德一、沙奶奶都是单身。《海港》《平原游击队》《龙江颂》等等样板戏里的人物都是单身。就只有《沙家浜》里的阿庆嫂似乎是有丈夫，但是从前到后没见阿庆闪面，只有胡传魁问了一句："阿庆呢？"阿庆嫂说："上海跑单帮去啦！"出去打工一去不回，阿庆嫂成了留守妇女。

《智取威虎山》中小常宝的唱段：

八年前风雪夜大祸从天降，
座山雕杀我祖母掳走爹娘，
夹皮沟大山叔将我收养，
爹逃回我娘却跳涧身亡，
避深山爹怕我陷入魔掌，
从此我充哑人女扮男装，
白日里父女打猎在峻岭上，
到夜晚爹想祖母我想娘……

这也反映了当时人们的心理状态。并不是说人们心理发展都停滞在了前俄狄浦斯期，没有性的萌动、欲望、冲突，而是说在当年的社会氛围、背景下，是不提倡、不赞颂、不宣传，也不让人们触碰和意识到与性相关的内在心理感受的情景。所以在故事中就不能设置这种故事情景，这样的情景也不会引发人们的共鸣和感触。说明那个年代是相对比较保守、苛刻的，人们在看待人际关系时处在"阶级斗争的目光"之下，"亲不亲，阶级分"，人们如果是一个阶级的人，一个社会阶层的人，就是亲人。如果不在一个阶级阵营里，就是"敌人"。所以在那个年代人们之间的"阶级斗争意识"很强，这个"意识"是指在一个人的内心，需要对人，即客体，有黑白好坏截然不同的态度，不能有模糊地带，不能动摇。这样我们就在文艺作品中看到，在处理人际关系时显得比较简单明确，要么是敌人，要么是自己人。同志间可以亲密无间，这种亲密无间也不会犯任何错误，你我形同自己的一部分，甚至形同母子关系。

那个年代拍出来的电影也很有意思，怎么体现漂亮女人的故事情节呢？如果有漂亮女人出现，往往这个女人都是女特务。漂亮性感的女人会唤起人们的性兴奋，这是可怕的，会让人犯错误的。但是又不能不让她出场，那就给她一个令人恐惧的女特务角色。潜台词是：美女的漂亮是吸引你的利器，漂亮背后就是要你命的陷阱，你不想死就小心点。

我们今天借助于《水浒传》和样板戏里处理女性角色的方式，看到一个现象：社会群体在一定的社会背景和发展阶段，也存在一个类似个体心理发展水平阶段不同的情景。有些时期社会群体可以有比较充分的俄狄浦斯三角关系的表达，有些时期是不允许、不能够的，是前俄狄浦斯期两人关系的阶段。

社会发展是一种波动的状态，有些阶段，人们对性的态度不严肃、不认真；有些阶段却过于苛责、刻板。近几十年，在性的态度上，似乎又变得宽容，甚至放纵。而人的内驱力不只是让其恣意泛滥，在健康发展的趋势上是需要被去性化、被升华、被自我功能节制的。内驱力既不能被压抑、否定、歪曲，也不能荒淫、糜烂、肆意横流。在对待性的态度上，个人发展和社会发展状态都是一个起伏波动的过程，值得我们个体和群体深思。

我们学习精神分析，并不是让内驱力变得肆无忌惮，而是需要接纳、肯定、欣赏、爱惜，同时对自己本能的部分给予保护、节制、妥协的处理。

13

看透社会文化中的俄狄浦斯现象，
让生活从容

　　有些长期令人困惑的社会文化现象，如果从精神分析的视角去解读会有豁然开朗的感觉。

　　俄狄浦斯三角在心理意义上来说，是一个心理发展的重要阶段。一个人面临这个心理阶段，有时候会比较轻松、自然、顺利地度过，有时候可能会残留着三角关系冲突的特征，并渗透到性格中。三角关系中重要的特征是父亲作为男性角色在心理上出现以后，孩子面对不同性别的父母，就要分别处理与父母亲的关系。全世界大多数的社会结构和文化主流都是男权文化，因此在现实生活与历史文化的代际传承中，所表现出的社会文化冲突模式，自然也会带着俄狄浦斯三角关系的特征。男权文化是父系社会结构模式的主流，我们生活在这种社会结构和文化形态中，必然会在代际的传承间表现出俄狄浦斯冲突，代际之间的冲突自然而然地也会带着俄狄浦斯三角的特点，因为上辈人的文化态度往往代表着父亲的形象。对于一个男孩子来讲，与父亲的关系往往是潜意识竞争、排斥的关系；对于女孩子来讲，与父亲的关系是潜意识想亲近、爱慕的关系。不管是竞争、排斥，还是亲近、爱慕，在关系中都有冲突。比如在竞争中害怕遭受惩罚、报复，而亲近、爱慕里也会包含着乱伦的恐惧。

文化的心理意义

从心理意义上来看待文化，主要包含以下几个方面。

首先，文化是一种集体超我。它可以作为集体达成共识的、约定俗成的、共同遵守的一个规则、习惯、默契，这是文化具有的集体超我的功能。

其次，文化是一种集体的心理防御机制。我们生活中的困境可能借助文化的习俗，以约定俗成的方式缓解处理，使矛盾得以化解，这是文化的另一种功能——心理防御的功能，文化就相当于集体的心理防御机制。

最后，文化是心理认同的模板。文化在一定程度上是先辈集体创造、建构并积累形成的，每一代人在文化建构的过程中都会对身处的文化赋予自己的理解，加入自己的需要。因为形成文化的民族、地域、经济、自然条件等的不同，不同背景的文化之间也可能会有冲突，冲突中会出现比优劣、争胜负的价值判断，或者吃亏、占便宜的结局。这样就很容易引起后人对自己原生文化的反思。

我们都生活在某一种文化背景中，自然而然地对所处的原生文化有最初的认同，但是随着我们对世界的体会、观察、思考，同样会对自身的文化进行反思，提出变革和要求。中华原生文化经历过几次重大的断层、杂交和重生。魏晋南北朝、隋朝、唐朝时期北方少数民族进入中原、宋朝之后元朝掌权、明之后的清朝入关等等，都在一定程度上使华夏原生文化的延续性遭到冲击，并发生杂交整合。这样对原生文化的认同就变得艰难曲折。文化是先人经过的历史，对文化传统的态度也体现了我们对祖先的态度及内心深处跟祖先的关系。文化也是今人正在生活的状态，我们就在文化的鲜活流动中存在，既是先人文化的继承者，也是当下文化的创造者。

儒家文化作为中华文化最重要的一部分，在历史上相当长的时间内占据着优势地位。儒家文化解决俄狄浦斯冲突的策略是建立一套完整的伦理规则：君君臣臣、父父子子、三从四德，就是给每个角色一个规范的序列位置，以此使得社会的稳定性加强，内在心理冲突借助于伦常的规则得到维护和梳理。儒家文化在历史发展过程中，能够形成如此强大的生命力，并广为认可、传播和践行，一定有其优秀性。但这是在农耕文明中发展出来的优秀文化，并不是放之四海而皆准的真理，或一成不变地居于领先地位。

新文化运动现象的心理意义——文化犹如令人失望的父亲

鸦片战争后，中华民族屡屡遭到列强的践踏。经过工业革命之后西方列强在踹开中国大门时的一个理由就是中国人的规则"妨碍自由贸易"。中国在农耕文明时期是重农轻商的，这与西方资本主义自由贸易本身就有文化冲突。冲突的过程中，西方列强在科技和工业文明的支撑下，用坚船利炮敲开了中国的大门，在中国横行霸道。他们没有认同中国文化中"和为贵"的这些准则，而是奉行"强者出头"。而我们的祖先原先教育我们的，引以为豪的诸如"克己复礼"这些品质，显然变成了自我压抑克制、谦让自责的心理根源，并在人格上形成了故步自封、保守自满、不敢进取、不愿创新、不许张扬的特征。这样的特点在群体社会行为活动中，造成的结果是不能积极进取地开发生产力，导致生产力发展滞后。所谓的"小农意识"，指的就是这样一种保守心态。

在社会动荡危机、民族生死存亡的历史进程中，中国无数的仁人志士为了救国救民，都在努力探索落后的根源，不但从科技、生产力发展的原因上，还从国家的治理体制、权力结构的因素上反思，也从文化心理上反思。因此不仅出现了洋务运动、维新变法，更有些人深刻地反思我们落后挨打与自身文化特点及民族性格之间的关系。于是在新文化运动中出现很多反抗传统的现象，比如"打倒孔家店"，甚至有人提出要废除汉字，变成西方一样的线条符号文字等极端的呼声。

这些现象的心理意义就好像是对祖辈的强烈失望而发出的抱怨和愤恨，因为先辈留下的传统犹如我们文化心理上的父亲。这种反思的结果是对父亲强烈的失望，因而就要彻底否定传统，幻想着另外找一个理想化的父亲。这反映出一个人面对失望的父亲，面对失望的文化，极力想要站起来，要自强自立，让"父亲"靠边站的心态。有时候甚至会因为失望而生恨。

在客体关系的模式里，从自我的主体角度看，失望本来仅仅属于一个人自体的体验，但个体需要把这种内在的经验投射表达在与现实的客体关系中，认为是现实客体的反应方式激起自己主体这样的反应，使主体体验到满足、失望、兴奋、郁闷等等不同的感受。主体既然认为这些失望、愤怒、屈辱的情感来自客体，当然就要把这些失望、愤怒、不满投射给客体，就会给祖宗找事，给文化找茬，控诉它。所以出现了新文化运动，这实际上是一种潜意识的呐喊。鲁迅先生给自己的小说集取名《彷徨》《呐喊》，就是这种心理感受的写照。当时出现很多文学大家的作品，比如巴金的《家》《春》《秋》等也是这种心理感受的写照。现在我们回顾历史的情景，从精神分析的俄狄浦斯三角出发，就容易理解新文化运动时期青年们的心态，以及这种心态产生的缘由。那些作品里充满了对封建礼教的抗争，也意味着在心理意义上对传统文化这个象征性父亲的攻击。

不仅是新文化运动时期的文艺作品中有，现在的文艺作品也有这样的冲突情节。但是现代人的视角和态度较之新文化运动时期的激进，要相对中立、平和。我们看《白鹿原》时，一方面会敬佩族长白嘉轩对族法、礼教、规则的坚守，以及他为人处世的厚德重义；另一方面，也会对他严苛地虐待儿子孝文、侄媳小娥，冷酷无情地拒绝出格的干儿子黑娃所表现出的不讲人情、生冷硬倔的方式心生愤怒。这种矛盾冲突的情感模式才是人生的常态，就像在电视剧版主题歌里，韩磊带着一种低沉郁闷的情绪所唱的"生生灭灭，一时一晌，黄土承载旧时光。日子依旧要过，麦子还会再长"，完满的人生就是一种带着酸甜苦辣咸的味道，在对五味杂陈的担当中度过的。我们之所以会痛快淋漓地欣赏那些走极端的艺术化情感表达模式，是因为我们一般情况下都做不到那么"二杆子"，但是我们潜意识里也有这样的冲动需要。

新文化运动距今已经一百多年了，百年前我们看到对文化觉悟的新青年们对传统文化反思的表达饱含着深情又充满着张力。可能在激情的涌动中会有些偏颇，但是我能感受到他们的真诚和投入，对传统文化、对先辈饱含感情的、认真的较劲儿过程。这个过程，或者说对文化的反思一直都没有终止，也一直都不会终止。

文化身份的危机与心理认同的重构

群体文化认同像个人成长一样，是一个起起伏伏的过程。有时候也会出现身份的危机，会因为各种生存条件的变化，导致文化习俗随之变化。比如从以农耕文明为基础的乡村文化到以工业文明为基础的城镇文化，就会因为居住条件和生活环境的变化而发生变化。过去的中国以农业为基础，人们居住在村寨，土地把人拴在那里。人们围绕着土地形成了强烈的乡土观念，形成一种人情世故的关系联结，也发展出一整套的人伦规则。随着工业文明和城镇化发展起来以后，人们开始流动起来，社会结构变了，居住环境变了，旧的人情世故不起作用了，新的伦常规则还没有建立起来。这样问题就来了，社会人际关系失去了通约的准则，就会出现诚信缺失，荣辱观念混乱，等等，这就是在社会结构背景变化下发生的难以避免的阶段性现象。在浮躁的功利主义和贪婪的消费主义理念驱动下，那些原始的、自大的、理想化的需要加倍膨胀，对现实人际边界的模糊，对父辈的失望就会增多，对传统、对祖宗就会失敬，不敬祖、不守德、不遵约，一切都变得不在乎、无所谓了。甚至对文化本身也采用一种功利主义的态度，让文化屈服于利益。

文化是内在的修养，如果一个人从内心不修行，就会变得"没文化，真可怕"，人就变得轻浮了。小说《白鹿原》中黑娃从小就说一句话："我嘉轩伯的腰挺得太直了！"腰板直是一个象征意义，表示走得端，行得正，堂堂正正。这种挺直了腰杆子的人人格深处有对自己所遵守的文化价值信念的一种坚守精神，这种文化价值信念已经深深地化为心理结构上的超我成分，让他们活得有自信、顶天立地。然而在黑娃看来，白嘉轩的坚守对自己就是一种拒绝，一种挫折和否定。白嘉轩不让黑娃进祠堂，他记恨在心，当土匪后他让自己的小兄弟在一次打劫中把白嘉轩的腰打断了。并撂下一句话："你的腰挺那么直有啥用嘛？尽害人了！"意思就是因为你的坚守，使我的人生变得非常坎坷、倍受挫折。

这段描述的心理象征意义非常鲜明，当白嘉轩腰杆子被打断的时候，象征性的意义就是曾经认同和坚守的价值观超我受到了摧毁，白鹿原变得人心大乱，世道越来越没了秩序，人们做事越来越没谱。黑娃和小娥进不了祠堂，意味着族人不能接纳他们，不能获得宗族认同的焦虑感升级为愤怒和毁坏的攻击行为。

在当年的白鹿原，黑娃的这种不被接纳、认同的愤怒，还有一个具体的客体供他与之斗争，这个客体就是作为他"干大"的族长白嘉轩。而今我们的社会在大规模的人口迁移过程中，从乡村到城市，环境上已经失去了祠堂，家法族规的载体都没有着落了，更缺少守护规则的代表人物形象，内心充满着惶恐和愤怒的人们，想找一个与之较劲的"白嘉轩"都难了，那么大家想与文化传统发生内心认同的客体又到何处去寻觅呢？

其实人与人之间这种较劲儿的过程就是内驱力寻找认同客体的过程，当年的土匪黑娃最终自觉自愿地投到大儒朱先生的门下做学生，要想"学为好人"，就是因为在与族法家规的代表白嘉轩的冲突较量中，以及在向朱先生请教、相处的耳濡目染中，产生了内驱力与客体认同的结果。

跨文化环境的心理冲突

我们今天面临的跨文化心理冲突是一个社会性的问题，也是心理工作者要反思的问题。这种跨文化的心理应激不仅体现在从乡村到城市的流动，也会表现在国际化的潮流中。比如中国人去国外留学、移民，外国人来华工作等等，这些新的群体中不断演绎着文化认同的危机。我们曾经把出国留学叫"洋插队"，说明出国留学不是表面上看起来那么风光，而是非常艰苦辛酸的经历，这里就有一个跨文化适应的危机过度问题。

第一，我们现在面临的，需要认真考虑的是文化身份危机与和解的问题。文化的认同是不可回避的问题，不论我们人在哪里，自我认同的心理危机都是一个重要的成长议题。每个人都要在文化心理上完成"我是谁"的答卷，这个答卷里就有一个在文化传统上心理认同的内涵，这个心理认同的过程是不可回避的。

文化习俗在两代人之间的冲突中也可以起到缓冲作用。比如说两代人有了矛盾冲突的时候，我们可以寻求传统的文化智慧，或者处理这种问题的一个协约式的方式，利用约定俗成的规矩来缓冲冲突。

第二，不论在什么样的文化发展阶段，就像个人一生总在经历不同的心理阶段一样，各个阶段都在演绎着冲突的话题，都要面对超越父亲的冲突。怎么超越呢？在个体的发展上，超越父亲的方式是成为自己而不是杀死父亲。从文化上讲，是在文化变革中探讨如何延续、发展和超越前人的文化。父亲的人生是不可复制的，尽管我们可以羡慕、嫉妒、恨，可以仰望、叹息、模仿，也可以看不惯、瞧不起、对着干，但是我们永远只能是自己，而且永远是和父亲有相似而不一样的自己。如果一个人认为父亲的存在或者父亲活着本身就是对自己的妨碍，那就是他自恋的障碍，可能在心理上他没有跟父亲分离，他以为自己只能走父亲一样的道路，成为父亲复印的人生。这种人生既有稳定性，有稳妥、幸福、自然的一面，也有无奈、彷徨、乏味的一面。历经沧桑的老人们常说"平安是福"，这话真的是肺腑之言，但是初出茅庐的青年们却想要"活出自己的绚烂和精彩"。

《白鹿原》中的孩子们这一代，孝武忠实地重复了父亲的价值观和生活模式，他的人生就过得平静、稳妥、安全，但不那么出彩。白灵、兆鹏、兆海、孝文、黑娃这些离开了塬上的孩子的人生就跟父辈完全不一样，他们的人生绚丽多彩、起伏跌宕，但也充满着危险与艰辛。我们和文化之间的关系就像和父亲之间的关系一样，需要去继承也需要去弘扬、发展。文化创新不等于扬弃祖宗，看不顺眼就都不要了，那也不对。

正因为在解决文化冲突时缺乏理论上的支持，造成了新文化运动以来，中国人内心在文化心理认同上的反复动荡。搞不清楚要听祖宗的好呢，还是不听祖宗的好呢？其实，祖宗的话要听，但不是教条地、形式上地遵从。我们深受传统文化的影响，无论怎么爱、怎么恨，在骨子里都是有认同的。就像鲁迅小说所描写的那样，每个中国人身上或多或少都存在阿 Q 精神，有奴性的、杀子的、看客的文化部分；同时我们也在不断寻求尝试超越、改革、创新这种文化，而在这个超越的过程中却缺乏心理上的合法性和自信心，内心深处就会有忤逆、乱伦的恐惧感。这些冲突就会在内心深处折磨我们，因为要超越就可能面临着否定、扬弃前辈的内疚感。这种内在的既想超越又想否定，既想创新又想遵从继承的冲突会让人变得焦躁不安，甚至冲动，变得暴力或者无节制地反抗。

在我们的文化心理上，其实祖宗并没有压迫我们、迫害我们。祖宗都已经死去了，他们只是尽了自己的能力创造了一些东西放在那里，而我们已经吸收并认同了他们所创建的内容，并变成了我们自己心理结构的一部分。如果我们与祖先的文化有如此强烈的冲突、暴力冲动或者无节制的反抗，自我作践的话，那可能是因为存在于我们自己内心人格结构中不同部分整合不全，相互不协调。我们内心的迫害性焦虑，让我们感到如果不继承、不尊重先人，就好像有点对不住他们，类似于内疚感，若要继承又觉得自己太压抑、太委屈、不自由、被束缚。其实这种冲突是我们自己内心的不同成分在打架，不是祖先留下来坑害我们的。祖先完成了自己人生的使命，已经走了，只留下他们该留下的东西。我们的社会文化要走出创新发展的路，不是靠一味地改造、颠覆和否定，而是要在保留、巩固和学习前人传统文化的基础上发展、延伸。我们需要尊重传统文化中的精髓，能够面对现实去理解和反省文化中虚弱的、创伤的，甚至是丑恶的一面。只有如此我们才能真正通过自强、自立和自信，实现我们对文化的继承发展和我们自己人生的超越。

故乡的风貌可以成为内心的稳定客体，满足乡愁

十几年前，我在德国进修，发现欧洲偌大的城市，高楼寥寥无几，大多是老房子。居民购买住房也都找旧的，且买到后如获至宝。如果非要翻修改造也尽量不拆外观，只在里面重新装修。很多家庭都有古老朴素的硬木家具，都是祖辈流传下来的，他们仍然在使用、维护，并因此感到自豪。在马克思的故乡特里尔，街道的模样与百余年前的图画别无二致。在英国，许多房子的建筑时代推算起来相当于我国的明朝，但现在仍用于办公、居住，比如英国坎特伯雷市的教堂。西安城幸运地保留下来的明城墙，已经成了一个历史文化的标志，一种文化的符号，一幅乡恋的画面。

然而，在许多地方，改善物质生活的迫切愿望，使我们今天的居住环境日新月异的同时，却疏忽了对老城、古宅的保留和保护。从潜意识看，这些行为的背后是对先人的劳动创造、心血付出和社会生产力结晶的不在乎、不认可，这何尝不是对先人有失敬重呢？做这些事情的人，大概是被自己内心自私、贪婪的"小我"充斥，取小利而忘大义。在这些疯狂的损毁中，个人内心似乎有一种驱力在迫不及待地寻求即刻的满足，贪婪无度地追求物质的满足，在表面上填充了物质匮乏的空洞，但并没有带来内心的充实感受，这大概就是为什么出现那么多的"房姐""表哥"的社会心理原因。

生活在当下，我们需要认真地反思：自己真正需要的是什么？

我们拼命地、贪得无厌地买房子，发疯似的盖起丛林一样的房子，这可能是大家潜意识的合谋。当大家面对祖宗的城池、房屋、街道，内心升起的不是欣赏、敬仰、自豪和感恩，而是委屈、失望，甚至自叹命薄福浅，感觉破落、寒酸、自卑、自叹。觉得这些"破旧"的"遗物"，是祖先辱没、辜负了自己，抱怨先人无能而让自己受了委屈。这样，大家就会对祖先失去敬

意，不珍惜他们创造的东西，甚至总是幻想自己可以创造最高大的、无人可比的建筑奇迹，这是不是太狂妄、太疯狂？对祖宗前人的创造、努力和劳动积累毫无敬畏和留恋，以为自己的建造举世无双，自己的名字就能流芳百世。试问：如果一代代人都这样乱来，那么谁的创造可以留下？你这样对待祖宗，后人也会看不起你的劳动，会不珍惜你。疯狂摧毁后，哪里还有儿时的回忆，何处还能挽留故乡的气息？人都失去了根，失去了乡恋的依托，怎么完成心理上乡愁的寄托？我们就都成了精神上的流浪狗。从心理意义上看，这也是一个未完成的俄狄浦斯冲突，是不认同先辈文化的结果。

附
录

精彩问答实录

1. 弗洛伊德说的"幸存者的内疚"，似乎是指"胜利"，是吗？

解答：是胜利。这是说与父亲的竞争中我成功地胜出了，我活下来了。我活了、我胜了，他败了、他去了。我就是个"幸存者"。弗洛伊德对俄狄浦斯情结的核心意义的解释是，"超越父亲"是件让人为难的事情，会给"胜利者"的内心带来巨大的冲突：一方面是按捺不住自己强烈的超越的愿望和需求，另一方面又会产生深切的内疚感和怕遭报应的恐惧感。

现实中，不敢把自己优于他人的部分展示出来；恐惧因为优秀而被人排斥；害怕被人很轻易地超越，担忧别人因嫉妒而迫害自己……都属于俄狄浦斯冲突。

2. 所有亲密关系问题，都来源于俄狄浦斯情结吗？

解答： 不一定。俄狄浦斯情结主要指的是发生在心理发展的三至六岁这个时期的心理特点，这个阶段也被称为俄狄浦斯期。俄狄浦斯期代表的是一个相对成熟的心理阶段，亲密关系不仅在俄狄浦斯期需要，在前俄狄浦斯期也同样需要。所以研究"亲密"的情感关系，可能更多地会追溯到母婴关系上，而母婴关系当然在前俄狄浦斯期阶段。

3. 独立抚养者和孩子之间有俄狄浦斯三角关系吗？

解答： 可以明确地说，答案是肯定的。比如单亲家庭中，孩子由爸爸或者妈妈一方单独抚养长大，难道他就只有抚养的这个爸爸或者妈妈吗？当然不是的。他和每一个正常出生的孩子一样，是爸爸妈妈共同生育的。只是在由某一方独自抚养期间，或者长期性的，或者间接性的，另一方不在他现实生活的情景中。而这不可见的一方，一定在孩子的内心世界里。

我们所说的俄狄浦斯三角关系指的是在一个孩子的心理发展过程中，在其内在心理世界里，他所自有的爸爸的形象、妈妈的形象，和他自己的形象之间形成的一个三角关系。所以，爸爸或者妈妈即使没有出现在孩子的现实生活中，也一样会在他的内在世界里留有这个角色的位置。

这也是我们在咨询过程中，必须要处理的一个理论问题。如果咨询师没有解决好，在面对单亲家庭孩子时，就无法共情，更不容易理解。我们在讲解"三角关系"一章中，对完整的三角关系、不完整三角关系都做了详尽解答。

4. 从小失去父亲的人，如何完成俄狄浦斯期？

解答： 其内涵和"离异妈妈独自带大儿子"是一个道理。我们说的俄狄浦斯期也好，俄狄浦斯情结也好，俄狄浦斯三角也好，关注的都是作为主体的孩子，以及孩子内心世界那些人物形象之间的关系。也就是说，失去父亲在现实上可能是缺位的，但在孩子的内心幻想中不一定是缺位的。这取决于抚养者给予孩子怎样的生命引导和情爱滋养。

如果母亲通过"说说爸爸""讲讲爸爸的故事"等方式来固定父亲的形象，并从中渗透父亲的品德、品格和品质，父亲一样可以作为"榜样的力量"烙在男孩的脑海里，扎根在他的内心深处。还有一种可能，孩子在现实层面没有父亲，但是在生活中有伯、有叔、有舅，在我国北方，还留有把父亲的哥哥都叫"伯"，把父亲的弟弟都叫"爸"或"大"的习俗，大家都觉得很骄傲、很自豪，无论年龄多大，都能叫一声"俺二大""俺三大""俺四大"，更有幸者，还可以有爷爷、姥爷，成为男孩生命里父亲功能的后续力量。

女孩亦然。她们的生活中会有一些男性的资源，能够替代或者部分替代父亲的形象，嵌入到自己的内心世界里，形成三角关系中的一个男性角色。

5. 现在很多低龄的男孩，都由妈妈一手照料，爸爸大多长年累月不在家，不出现，在短暂相处的日子里，也不会表达对儿子的爱，只会在儿子身上寄予他自己全部的希望和要求。这样的家庭模式，会影响三角关系吗？

解答： 这种情况不能一概而论。在俄狄浦斯三角关系中，父亲对于孩子的影响、母亲对孩子的影响，说的都是一个内心的关系、一个外在的客体与自体之间的关系。因为在一个孩子的内心世界中，爸爸、妈妈都会形成内在的客体表象，并形成一个想象的三角关系，爸爸或者妈妈的音容笑貌、一举一动都会在孩子的心里形成影像，甚至会固定下来，这个可能与爸爸或者妈妈在不在身边没有关系，心理意义上没有缺位才是真正意义上没有缺位。

这种现象在生活中也大量存在，我有很多战友的孩子都是妈妈在老家带大，生长发展得都挺好。爸爸虽然长年不在身边，但孩子只要提起爸爸，口中、心中都有一个让他引以为傲的、强大的、勇敢的、伟岸的爸爸，这就是爸爸这个三角关系在孩子内心扎根的力量。

也有一种现实情况是爸爸"人在心不在"。爸爸会早出晚归、天天回家，同吃同住，但是这个爸爸不作为、不做主、很无力、很躲避。人虽在，功能没在，这也是一个不完整的三角关系。

6. 如果一个男孩拒绝、瞧不起爸爸，在三角关系中，与爸爸的那条线是断掉的，这种关系该如何修复呢?

解答: 如果他瞧不起、拒绝爸爸，意味着现实中的爸爸令他失望，但可能在他的幻想中有一个令他期待的、满意的爸爸存在。在咨询中，需要跟来访者讨论并理解他"希望的爸爸是什么样子"，"与现实爸爸的区别"。看清自己希望中爸爸的样子，就能知道现实中爸爸令他失望的地方。慢慢向他澄清一个事实:希望中的爸爸可能不会出现，失望的爸爸是真实的爸爸。这里需要有一个对理想化爸爸"去理想化"的过程。这个过程既可以在治疗中讨论，也可以利用移情关系的发展去理想化，这个过程是在来访者内心达成的与爸爸的和解，进而向外，在现实中和解。由内而外的和解，比由外部直接和解要容易得多，也稳定得多。

7. 男，三十五岁，幼年目睹过爸爸外遇，对爸爸不太认可。自己结婚后又遭遇妻子的外遇，挣扎之后不顾妻子道歉毅然选择离婚。对他有什么建议?

解答: 如果他对自己做的选择内心不冲突、不后悔、好汉做事好汉当，意味着他已经在心理上成熟了，在人生的路途上成了自己，有主见，作为咨询师就没必要提出什么建议，只要认真地听听他的诉说，做到共情、接纳就好。

8. 男，二十岁，父亲一直在外地工作，和母亲一起生活，母强父弱。父母感情淡漠，但母亲一直维护父亲的好形象，同时担负起父亲的职责，孩子清楚地知道父母现状。父子关系有冲突吗？孩子能否自立门户？

解答： 冲突是内心的自我感受。俄狄浦斯期是心理功能成长阶段，是从初级心理过程到次级心理过程的发展阶段，如果孩子能够淡定自若地驾驭自己的内在冲突，并且能够做出自己的恰当选择，意味着他自我功能的发展是良好的，并不一定把自己内心的冲突呈现于外。至于是否能自立门户，要进一步了解这个孩子是否倾向于服从。如果妈妈是一个强势的人，并且承担爸爸的功能，也许孩子在不知不觉中形成顺从的态度，这个时候他会选择做一个好孩子、乖孩子，不一定要去"开宗立派"。如果他心里有大志，一定要开宗立派、创大业，那也是他的本性使然。

9. 女性，三十五岁，从小感觉与父亲的关系近。母亲对她的要求很高、很严，会因为学习的问题经常粗暴打骂她，在情感上对母亲很疏远。她从小到大对母亲都不能表达自己的愤怒，会觉得姨妈比较温和，所以小时候会想"爸爸怎么不娶一个像姨妈那样的妈妈"。在十九岁时父亲意外去世，后完成学业顶替父亲参加工作，选择现在的老公，是因为这个男人身上有自己父亲曾经的味道，但婚后发现老公很多地方并不像父亲，陷入迷茫。如何从俄狄浦斯情结的角度来理解这个来访者？

解答： 这个女性与她父母的情感关系模式长期滞留在与父亲的亲密认同里。这个"认同"不是性别上的，是指她的爱的内驱力是指向父亲的，分配给父亲的，她的攻击驱力是指向母亲的，排斥母亲的。

这样，当父亲缺位的时候，她内在对父亲的渴望是在的。此时她需要联结父亲，在内在关系上，需要借助另一个人，比如说"老公要像父亲"，在她看来"他很多地方像父亲"，"从他身上发现父亲的形象"，这是她得到自我满足的捷径。这是"移情"。什么是移情呢？就是过去的一个客体关系模式在内心的烙印，甚至是固着，或者是因为一个情感的需要，外化表达在现实生活中的某一个人身上，或是呈现在治疗关系里。这个女性的移情比较多地滞留在对父亲的眷恋里，在恋父倾向中。

面对这样的来访者，我们需要让她理解到：她是不能得到父亲的，任何人的成长都需要离开父母。只有良好地度过俄狄浦斯期，也就是说，从俄狄浦斯期这个纠缠的三角关系中突围出来，才是正常的、健康的。她的心理状态，当前停滞在三角关系之内的特征里，只有从关系中突围而出，才能发展自己独立的人生。

10. 在父亲对母亲家暴的环境中成长，对一个女孩的俄狄浦斯三角关系的形成有什么影响？

解答： 这是一个比较麻烦的家庭状态。这里不仅要考量父亲对母亲的家暴，还要考量父亲对女儿的态度，是温柔、深情些呢，还是同样很恶劣、很暴力？如果这个父亲对待女儿的方式简单粗鲁、无礼粗暴，那他在女儿面前呈现的就是一个攻击的、伤害的、无法依靠、无法信赖，甚至不能和平相处的形象。这种关系妨碍女儿亲近自己的父亲，会使女儿在成长中再不能、不敢相信父亲这样"角色"的人。也就是说，很可能这个女儿成人后跟男性交往阻力重重，艰险万状。这种与异性正常建立人际关系的困难，就起源于她没有一个很好的"陪练"，从小陪伴她学习如何比较深情地、和谐地、健康地与男性相处。

结果会怎样？那就是她要么不敢选择男人、不能信任男人，要么会有盲目、冲动和混乱的男女关系。但是，这也要结合她成长中的其他环境和资源综合来看。自我修复、自我成长的可能性还是有的。

11. 母亲对女儿多年来事无巨细地照顾，一直不撒手，父亲从不参与，导致女儿对母亲有一种不得不服从的依赖，感觉离开妈妈就没法活了，出现许多心理问题。这样的个案应该如何处理？

解答： 我们看到的只是母女的关系，说明爸爸没能有力介入母女关系中。一个正常的从二人关系到三角关系的发展，是需要异性父母角色出现的。不管是从现实还是从心理意义上，当异性父母出现的时候，尤其是当爸爸这个角色出现的时候，他是有利于孩子和妈妈之间的二人关系分离的。所以我们看到的问题，不仅仅是有妈妈占据女儿心理空间的问题，还有从女儿一方而言，她本身也有自己不想放弃依赖的需要。从爸爸的角度看，也不愿意承担介入到母女关系中进行分离的责任。面对这样一个具有强烈控制欲的妈妈，这个爸爸作为一个成人需要有能力、有勇气去承担这个责任，他可能需要在一定程度上吸引和分散妈妈的心理能量，以免妈妈全部的能量集中在孩子身上。

在这样一种家庭关系模式里，单纯地治疗孩子，单纯地治疗妈妈，或单纯地治疗爸爸，都会非常费劲。治疗师可能需要对每一个人适当做工作，采取个体治疗的模式，同时也可以选择家庭治疗的模式，三人互动。个体治疗模式需要三个人都安排不同的治疗师。家庭治疗模式也需要治疗的策略，其目的是扰动这个家庭中个体之间固有的行为模式、情感表达模式，而不是要判断对错、进行评价，这一点是务必注意的。

12. 女孩的母亲是人在功能不在，不能履行做母亲的职能。在生活中，父亲给予女孩许多母亲该给予的照顾。从小到大，母亲就和女儿争夺父亲，在女儿青春期时，母女冲突日益增加。如何从俄狄浦斯三角结构来看待这个家庭？

解答： 这个现象里有三个人，更多的问题是妈妈没有处理好自己的俄狄浦斯情结，还停留在俄狄浦斯冲突里。虽然她现在做了妈妈，但并未处理好自己的俄狄浦斯冲突，所以内心的模式会在自己、女儿、丈夫之间的三角关系里呈现出来。也就是说，这个妈妈实际上还在潜意识里处在与另一个女人竞争的位态上。我们不太清楚这个女儿在跟妈妈的"竞争""冲突"中是什么感受？是痛苦无奈，还是乐在其中？不得而知，所以不可妄说。在三个人的关系互动中，关键是看爸爸能否在母女之间扮演好调停的角色。

一个好的、成熟的妈妈的反应应该是理解、容纳女儿跟她的"竞争"，能够一如既往地包容和接纳自己的女儿，这是常态。一个好爸爸对女儿的态度，是允许女儿跟自己亲近，但是又要保持一定的边界和距离。这个妈妈似乎想从女儿那里得到一个好妈妈的感觉，也就是说她把自己曾经在原生三角关系中的模式投向了现在的家庭，把她对自己母亲的情感模式和竞争模式投射在女儿身上。

13. 孩子小的时候，父母经常吵架，母亲会用恶毒的语言诅咒父亲死，有时候也会诅咒自己的孩子。这种环境对孩子的成长有什么影响？

解答： 这个母亲的心理状态显然是偏执分裂位态，当她陷入一种愤怒的情绪时，会把周围人当成魔鬼。她诅咒丈夫、诅咒孩子的这种方式，会让人感觉她几乎是被恶魔控制了。作为母亲，这种偏执状态很难有一个容纳和整合的功能，对孩子发展的影响，显然是不好的。孩子会因此处在遭到灭顶之灾的恐惧中，内心无法整合客体的好坏，同样容易处在偏执分裂位态上。

14. 家长对孩子的高期待是否会造成孩子心理上的阉割？

解答： 家长对孩子的高期待是否会造成孩子心理上的阉割，并不完全取决于家长单方面，要看家长和孩子的互动关系，要看孩子是否接受、内化、认同家长对自己的高期待。如果孩子认同了家长的期待，进而成为对自己的理想化期待，就会成为他自恋的负担。高期待会使人处于一种对自己不满意的感受里，当这种期待需要借助别人的喝彩来完成时，就会成为一种自恋的症状。如果父母的期待恰如其分，和现实接近，同时孩子允许自己达不到像理想的一样完美，他的自恋就不太容易遭受挫折，会比较好一点。

15. 严苛型的父母与孩子的超我形成的关系是什么？

解答： 父母对孩子的要求、拒绝、约束等等都是孩子形成超我的"素材"，所谓的严苛型父母，可能是指行为上的要求严厉、苛刻。这是我们看到的外在现象，但是同时要注意到，当父母在用这种外在的严厉和苛刻要求孩子时，内心对孩子的态度如何。心理基础、情感流露这些因素，才是是否会形成问题的关键。有些父母家教很严，但严格要求的是孩子的德行、品格、品质和习惯，而非对孩子的情感、想法、喜好，甚至是天赋擅长、爱恨表露的决然禁忌。他们对孩子的严格要求充满着关爱和容许的态度。在这样的态度下，孩子才能建立清晰稳定的内在规则，且不会失去与父母之间良好的情感沟通。

16. 怎么看待当今社会超我弱化，也就是社会规则意识淡薄的现象？

解答： 第一，要关注人们的生存环境、社会组织结构变化带来的影响。因为我们的文化、情感、认知，犹如一个软件系统，是要搭载在硬件上的，而现代社会的发展带来的快速的居住环境变化，使过去人们生存的环境结构变化了，在过去几千年极其稳定的环境基础上形成的准则、伦理、文化等等要求，必然随着社会结构的变化而变化。

第二，要看整个社会结构的变化会带来哪些主流价值观的矛盾和冲突。改革开放之前和改革开放之后，就有巨大的变化：在改革开放之前，比较强调集体主义，改革开放之后，是以经济建设为中心，让一部分人先富起来。这样就会与以前的价值观念形成冲突。现在我们已经意识到这样的危机，又开始强调社会的规矩。这就是我们社会的变革、主流价值观在冲突中整合的过程。

第三，要注意中国传统的伦理、道德、法则、法律以及人情世故等等。在剧烈动荡的国际化、全球化浪潮中，这些都受到了各种各样的思潮、价值观的冲击，也会影响我们原本相对稳定的超我。

17. 收养的孩子与父母之间的关系，对于孩子的去性化发展有很大影响吗？

解答：是的。孩子内驱力的发展是需要父母作为客体来进行陪伴、培育的。如果父母本身的性格发展比较健全、成熟，他们对于孩子的亲近也罢、竞争也罢，都有接纳的能力，也有恰如其分的应答能力，这样就不至于使孩子欲望情绪的表达停留在原始的、赤裸裸的水平上，他能够用一种语言的形式或者象征的形式，甚至是升华的各种形式表达出来，完成内化。

收养的孩子和亲生孩子所经历的心理发展历程是一样的，所以，如果想对孩子健康、有益的话，收养者自身要具备良好而成熟的心理功能和状态。

18. 在临床中，孩子对父母的恨怎么疗愈？

解答：恨和爱都是内驱力的表达，是一体两面，也就是说恨有多强，其实这背后的阴影就是爱有多强。恨往往是挫折和期待没有被满足。如果我们在表达恨时，完全沉浸在恨里，体验爱的时候，完全坠入爱河里，这都不是一种完整的状态，而是偏执和片面的状态。临床处理的方向是，让我们自身产生一种爱恨交织整合的能力，而不仅仅是让恨像狂风暴雨一样肆虐。单纯的情绪宣泄对治疗只是暂时缓解，并没有心理成长的意义，重要的是能够在体验恨的时候对自己的情感有观察，同时要有慈悲的种子和爱的能力的建设，在觉知和慈悲能力的培养之下，才能把爱恨整合。

有些人在学习精神分析时学到一句话，"要把内心不能表达的东西表达出来"，他们会把这句话当成全部的治疗思路，实际上是不对的。这句话仅代表着一部分治疗思路。当来访者有了委屈、愤怒、不甘、受辱等等感受时，的确需要表达，但是仅仅是表达和释放，并不是解决问题的全部策略。真正的解决方式是，让这些不良感受得到化解、转化。

19. "三角恋"下的内驱力模式，应该以哪一个角为主体来论述？

解答： 如果你说的是传统意义上的"三角恋"，有两种可能：

一是竞争关系的三角。无论男女，三角恋里的两边之人和该两边的夹角之人是相互给力、彼此相爱的，即两边之人同时爱上一个人，而这个被同时爱上的人也同时爱着这两边之人。

二是推磨子转圈的三角。无论男女，三角恋之两边夹一角的追逐之爱，即甲爱上乙，乙爱上丙，且爱的方向不可逆回。这都被约定俗成为"三角恋"。当然"横看成岭侧成峰"，站在不同的角度和高度上的感受和体验，是各不相同的。治疗师在解读和理解上也是千差万别的。但相同的是，无论性别，爱是爱的内驱力在发挥能量，攻击则是攻击驱力在工作。谁到诊疗室来咨询求救，谁做主体讨论此事。

20. 很多女性特别喜欢买东西，被称为"购物狂"，她们的购物行为是内驱力的释放吗？还有些人喜欢不停地说话，每天持续不断和别人讲各种事情，包括工作、政治、哲学等等，从早说到晚。这些人是口欲期问题吗？和内驱力是否有关系？

解答： 这两种人有一个共同的心理特点，就是强烈的内驱力未加驯服。从形式上讲，是他们的内驱力需要得到即刻满足，表现为冲动控制障碍。导致这个问题产生的原因，很可能是他们的中枢神经代谢不平衡。比如躁狂症病人，就是精力过分旺盛，不停地冲动、不停地买东西、不停地乱送东西，包括不停地说话，等等。

我们看一个人的内驱力表现，同时要考虑他是不是有神经代谢方面的生理原因。生理和心理这两方面原因都要考虑。不停地说话，从心理层面看，是一种口欲满足的方式，但他在发展过程中是否有口欲期问题，有待进一步考证。